松尾 茂起（株式会社ウェブライダー）著
上野 高史 作画

エムディエヌコーポレーション

はじめに

昨今、Webは多様化し、Webマーケティングの施策も複雑化する一方です。

SEO（検索エンジン最適化）、ソーシャルメディアマーケティング、メールマーケティング、リスティング広告の出稿、Webメディア・アドネットワークへの広告出稿……などなど、現在のWeb担当者は、それら複雑化する施策の理解を深め、状況に合わせて選択することが必要な時代となりました。

しかし、施策が複雑化する一方で、シンプルな施策で成功し続けている会社は多くあります。

- あるネットショップは、たった数ページのシンプルなWebサイトで大きな収益をあげています。
- ある税理士事務所は、メールマガジンの配信だけで、大きな収益をあげています。
- あるWeb制作会社は、自社サイトを持たず、顧客の紹介だけでたくさんの案件が舞い込んできています。

それらの成功している会社に共通していえること。それは、“本質”をとらえたマーケティングを行なっているということです。すべての施策は目的ではなく、「ひとつの手段」でしかありません。多様化するWebの世界において、今もっとも大切なのは、マーケティングの“本質”をとらえることです。

あなたの会社に必要な施策は何でしょうか？
今行なっているその施策は本当に必要でしょうか？

それを見極めねばなりません。

本書に登場する「マツオカ」という会社は、都内でオーダー家具の販売を行なう会社です。マツオカは、SEOを中心としたWebマーケティングを展開していきますが、マツオカは、あくまでもひとつのケース。あなたに必要なことは、マツオカが行なう各施策の“プロセス”から、あなたの会社に必要な施策を見つけ出すことです。

これはWebマーケティングに関する本です。ただし、あなたがこの本で得られるのは、技術ではなく「本質」です。多様化する時代だからこそ、本質を見失ってはいけません。本質をとらえることで、真に投資すべき施策・戦略が見えてきます。

本書が、あなたのWebマーケティングを加速させることを願って。

2015年1月

本質が集う街　京都より愛を込めて

松尾 茂起（株式会社ウェブライダー）

• SEO
• CVR
CPC
• Targeting
• Redirect

目次

登場人物相関図

元クロスアナリティクス社
主人公／Web マーケッター
ボーン・片桐
片桐の恋人
ヴェロニカ
コンサルを依頼
片桐の愛車
ヒロイン
松岡めぐみ
オーダー家具「マツオカ」
Webデザイナー
高橋裕太
広報
吉田 守
めぐみの父
松岡英俊

クロスアナリティクス社

クロス社 CEO ／片桐の育ての親
クラーク・ボーン

片桐の元同僚
デイビッド

暗殺

復讐

ガイルマーケティング社

ガイル社 CEO
ガイル・リンク

営業をかける

ガイル社 営業
井 上

ガイル社 日本法人 CEO
遠 藤

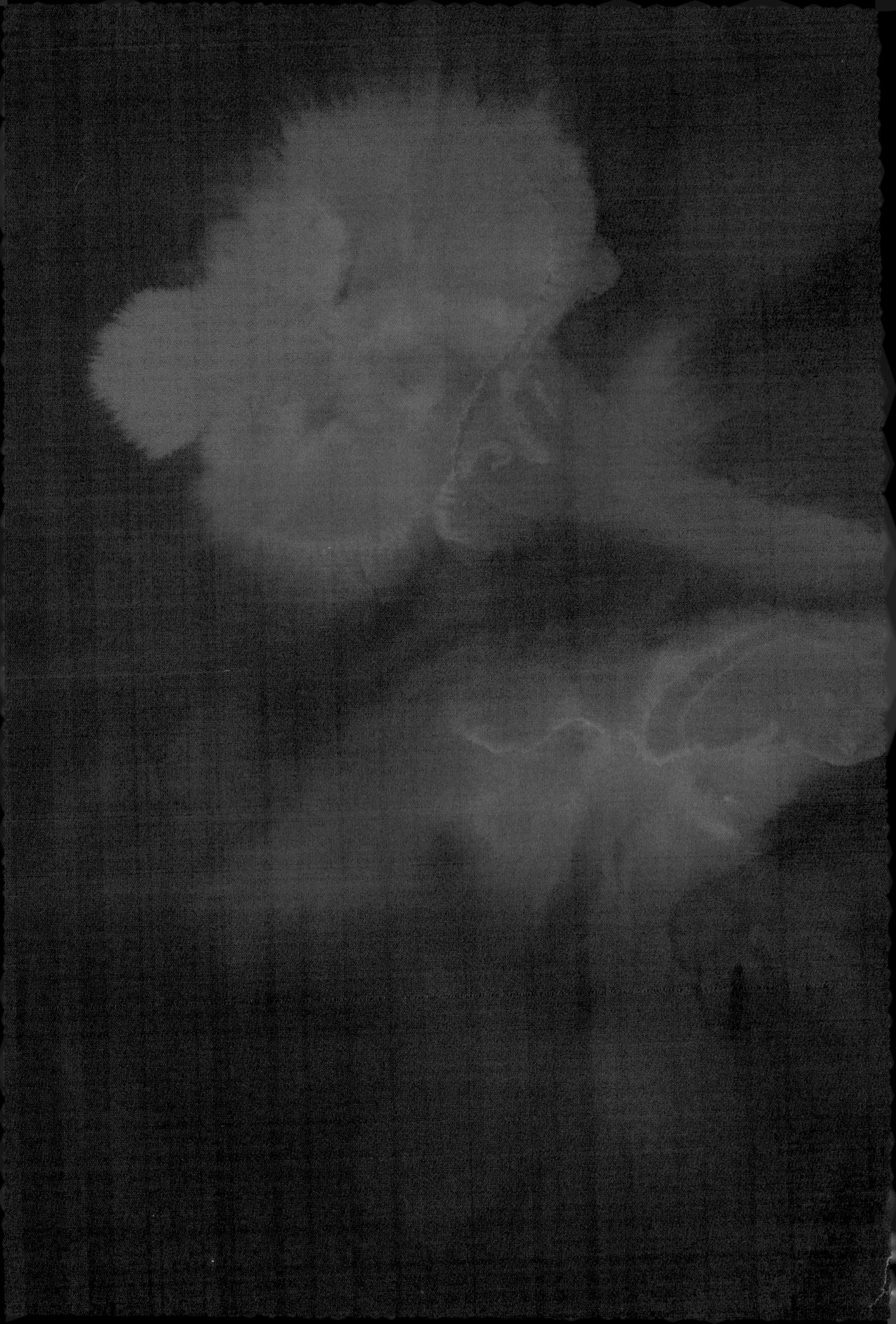

――サイトが悲鳴をあげしとき、その男が現れる
白い豹の咆哮とともに

彼の名は“パーフェクト・リボーン”

都会の雨はいつも冷たく、俺の身体を打ちつける。
白い豹のボディに身を任せ、アクセルをゆっくりと踏み込む。

そう、あの日から俺の中の時は止まっていた。

ITバブルという名の、機械仕掛けの幻想は
1年もののバーボンのように、未熟な渋さを残し続けるだけ。

機械仕掛けの市場は欲望を飲み込み
うなりを上げる…。

――さあ、行こうか　依頼人の元へ

EPISODE 01

夜明けの SEOペナルティ解除

首都高速を走る一台のジャガー。

そこには男と女が乗っていた。

・・・ヴェロニカ。
インデックスを調べてくれ。

OK、ボーン。

男から指示された女は、そのプレートに手を置き、カバーを開けた。
プレートに見えた物体はノート PC だった。

・・・ダメね。クロールされていないコンテンツがあるわ。

・・・そうか。

ヴェロニカと呼ばれた女は、ノート PC の画面に表示された検索結果を見ながら、
次々とコマンドを入力していく。

ふと、その手が止まった。

・・・ねえ、ボーン。
・・・今回の依頼、ガイル社への復讐だけが目的？

・・・。

彼の名は「ボーン・片桐」。

闇に隠れ、市場を操る、謎のWebマーケッター。
検索エンジンのアルゴリズムをも恐れない彼のことを、人はこう呼んだ。

「パーフェクト・リボーン（完全再生請負人）」と。

── 3ヶ月前のこと

弊社のこの SEO サービスをお使いいただければ、もっと順位を上げることが可能です！

グレーのスーツに身を包んだ20代後半のその男性は、目の前にいる中年男性の目を見て訴えかけた。

SEOサービスねえ。ちょうどこの間、商工会議所主催のWeb集客セミナーで"SEO（検索エンジン最適化）"のことを教えてもらったばかりなんだけど、今って・・・その、なんだ・・・順位が上がりにくいんだろう？

『松岡 英俊』は、10分前にオフィスを訪ねてきたその男性に向かって、そう言った。

はい、そうなんです。
だからこそ、弊社の新しい SEO サービスが効果的なんです！

そう語る男は、長年使っているであろう
ボロボロになった革のカバンの中から、
カラーでプリントアウトされた資料を取り出した。

この資料を見ながら、ご説明させていただきますね。

弊社の新しいSEOサービスは、自社が運営しているポータルサイトのサイドバーから、御社のサイトのテーマに合った**“リンクテキスト”**でリンクを張るサービスです。

テーマに合った・・・？

というのは、うちの会社と同じように“家具”の情報を扱っているホームページからリンクを張ってもらえる、ということかね？

はい、そうです。

その男は返事をした。
松岡は、先程この男から受け取った名刺の表と裏を繰り返し見ながら話した。

あなたのところの会社、株価がすごく上がっているそうだね。
買収をどんどん繰り返して、急成長してるって、すごいねえ。

松岡はそう言いながら、名刺に刻まれた「ガイルマーケティング」というロゴマークに目をやった。

—— ガイル マーケティング

米国に本社を持ち、3年前から日本法人も立ち上げているIT企業。
最近はテレビドラマのスポンサーをつとめたり、テレビCMの量を増やし、「IT」のことがよくわからない人でも、会社名はなんとなく聞いたことがあるレベルにまで成長してきた。

ありがとうございます！　そう言っていただけて恐縮です！

弊社は現在、様々な事業を展開しておりますが、元々はWebマーケティングのコンサルティング会社であり、今も主軸はコンサルティング事業です。
弊社が成長し続けていられるのも、弊社がコンサルティングをさせていただいたお客様のWebサイトが成功し、コンサルティングの依頼をたくさんいただいているからなんです。

あ、私、お恥ずかしながら、日本法人の営業部長を担当させていただいております。

うん、若いのにたいしたもんだ。そんなに若いのに、部長だもんね。IT業界には、ほかの業界のような“しがらみ”とかはないんだろうね。徹底した実力主義ってわけだ。

実力主義・・・、確かにそうかもしれません。

IT業界はスピードが早いですから、ぼーっとしているとすぐに置いていかれちゃうんです。なにせ **“ドッグイヤー”** という言葉もあるくらいですから。

あ、ドッグイヤーというのは、“犬の年齢”って言葉をカッコよく横文字で言っただけなんですけどね。
犬は人間の7倍のスピードで年をとります。
IT業界もそれくらい早く進んでいくということなんです。

それは大変だ・・・。

はい。
そんな業界において、現在、弊社はシェアを急拡大し、Webマーケティングの最先端を走り続けています。
先程ご紹介したSEOサービスも、弊社だからこそご提案できる内容なんです。

なるほどね。最近SEOについて学んだこのタイミングで、あなたが訪ねてきてくれたことは、何か運命めいたものがあるのかもしれない。
そういえば、セミナーでは“怪しいSEO会社には気をつけろ”と言われていたけど、あなたのところのような大会社だったら安心だね。

ありがとうございます！

なにより、僕は君を気に入ったよ。
君の・・・その・・・　革のカバンを見たら、どれだけ頑張って働いてきたかがわかる。

あっ・・・！　す、すいません、大学を卒業してからずっと使っているカバンでして・・・。

いやいや、いいんだよ。今の子はモノを大切にしないからね。
うちはオーダー家具の会社だけど、今、家具業界は外国からの安い家具がどんどん入ってきていて、みんな、気分だけで家具をどんどん買い直しちゃう。家具ってもんは、愛情を持って使い続けてあげることが大事なんだ。
木は生きているんだ。生きているってことは心があるってことだ。家具は、使い込めば使い込むほど、家族の一員のような温かみが出てくるんだ。

松岡はそう言いながら、はっと気づいて苦笑いをした。

すまんね。
この年になると、つい説教じみてしまう。
特に若い男の子を前にすると、自分の息子のように感じて。

・・・息子さんはおられるんですか？

いやいや、息子はいないんだ。でも、娘ならいるよ。
私にとって大切な一人娘だ。

そうなんですね。

その営業の男性は目を細めて話す松岡の顔を見ていた。

おっと、ごめんごめん。じゃあ、君の会社のSEOサービスについて詳しく話を聞かせてもらおうか。

そう言うと松岡は、椅子にもたれていた背を起こした。

ありがとうございます！
それでは早速説明させていただきます。
弊社のSEOサービスのプランはですね・・・・・・

資料を広げて話し始めた男の口元には、不敵な笑みが浮かんでいた。

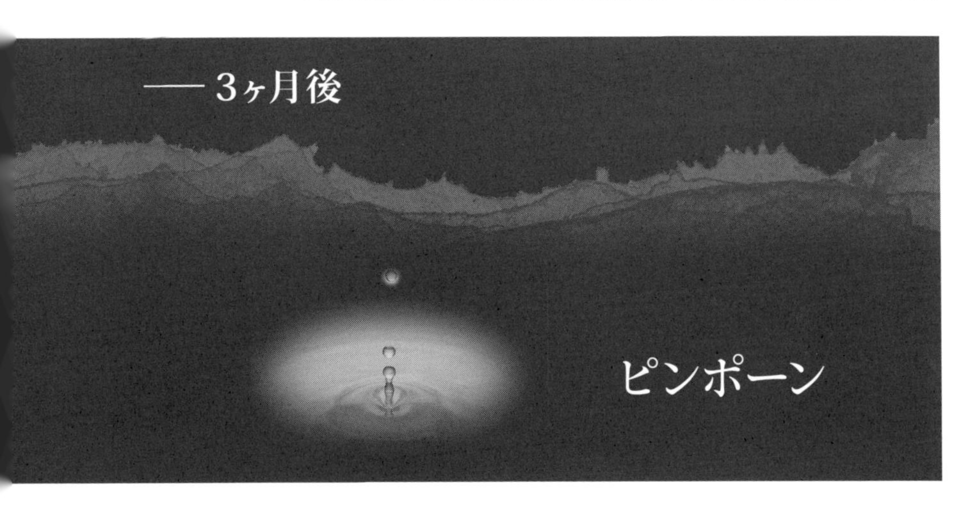

チャイムの音が夜の静寂を破った。

はっ、はい・・・！

玄関のドアを開けた女性は、目の前に立っている体躯のよい男を見て、息を飲んだ。

あ、あの・・・。

・・・松岡めぐみ だな。

は、はい、あなたは・・・！？

深夜に失礼するわ。
ハッシュタグで連絡をくれたのはあなたね。

男の横から、青い瞳をした長い髪の女性が現れた。

・・・彼女はヴェロニカ。俺のパートナーだ。

パートナー・・・　ということは、あなたが・・・！？

・・・ボーン・片桐だ。

父はあの会社の営業に騙されたんです・・・。
あのサービスを契約した後、うちのWebサイトの順位は
どんどん下がって、売上げは激減しています・・・。

ボーンとヴェロニカはオーダー家具「マツオカ」の応接室で、めぐみの話を聞いていた。

SEOとは名ばかりの**“ペイドリンク”**によるブラックハット。
ガイル社の手法ね。
しかも、最近は月10万の3年リース契約ときてる。

説明しよう！

「**ペイドリンク**」とは、**金銭などの対価と引き替えに設置されるリンク**のこと。
別名「有料リンク」とも呼ばれる。
世の中のSEOサービスの中には、対価を受け取ったあと、無機質にWebページを量産し、そこからリンクを大量に張るケースもあり、そういったSEOは検索エンジンから低評価を受ける対象となる。
また、ペイドリンクを扱っている会社の中には、どんなページにリンクを掲載したかを顧客に伝えないケースもあり、顧客とのトラブルが続出している。

父は・・・サイトの順位が落ちたことで精神的にダメージを受け、身体を壊して入院しました。元々、心臓が悪くて・・・。
激減した売上げを取り戻すために無理をして・・・
発作を起こしたんです・・・。

それで、あなたがWebサイトの運営を引き継いだってわけね。

はい・・・。

うちのサイトは、以前は「オーダー家具」や「注文家具」などのワードで2ページ目にランクインしていました。
でも、あのSEO会社と契約してから、100位以内にも表示されなくなって・・・。

私、この状態をどうやって改善すればよいかわからなくて、それで、ネット上でいろいろな情報を集めているときに、あのハッシュタグの存在を知ったんです。

そして、私たちは今夜、ここにやって来た。

・・・残念ながら、お前のサイトはもう死んでいる。

ふいにボーンが口を開いた。

・・・そ、そんな・・・！

あのサイトがまた以前のように上位表示されないと、
注文が・・・　注文が入らなくなっちゃう・・・。
お父さんが守ってきたこの会社が・・・ううう・・・。

溢れる涙をこらえきれず、めぐみは涙をこぼした。

大丈夫よ、そのために私たちがやって来たんだから。

ヴァロニカは泣きじゃくるめぐみの肩を抱き、そう言った。

・・・さて、報酬の件だが。

あ、は、はい！　あ、あの・・・、ボーンさんにお仕事をお願いするには高い報酬が必要なことは知っています・・・！
1サイト1,000万からだとも聞きました。
ただ、実は・・・　あの・・・。

・・・報酬は　・・・0だ。

はい、報酬に関しては・・・　私がなんとかします・・・！
・・・えっ・・・、い、今、0って・・・。

その言葉の通りよ。
ボーンはあなたから報酬を受け取ることは考えてないわ。

えっ・・・。ど、どうして・・・！？

じゃあ、逆に質問するわ。
ボーンの"正規の報酬"をあなたの会社が払えるの？

そ、それは・・・。

ボーンがなぜ、この仕事を無報酬で引き受けるか、
その理由は聞かないで。
ただ、3つの約束を守ってくれれば、私たちが力を貸してあげる。

3つの・・・　約束・・・？

1つ目の約束。
ボーンがあなたのWebサイトの再生に関わっていることは
決して口外しないこと。

2つ目の約束。
あなたのWebサイトが完全に再生するまで、ボーンのアドバイスに従うこと。

そして、3つ目の約束。
ボーンの過去は聞かないこと。

この3つの約束を守れば、あなたのWebサイトはきっと再生する。　・・・私が保証するわ。

・・・は、はい！　・・・守ります！

めぐみはヴェロニカの手をとりうなずいた。

・・・ありがとうございます・・！

めぐみの頬を再び大粒の涙が伝った。その姿を、ボーンは静かに見つめていた。

・・・デスクはあるか？

ボーンがめぐみに尋ねた。

あっ・・・え、えっと・・・。

ノートPCを開くためにデスクかテーブルをお借りしたいの。

あ、は、はい！
私の仕事部屋のデスクを使ってください！

めぐみはそう言うと、ヴェロニカとボーンを自分の仕事部屋へ案内した。

す、すいません！！　発注書が散らばっていて・・・。
すぐに片付けますので、そちらのソファーでお待ちいただけますか？　あ、ボーンさんのカバンはこちらに。

めぐみは、ボーンの足元に置かれていたアタッシュケースを持ち上げようとした。

お、重い・・・！！
な、何なの・・・！？　このケース・・・！？

あ、運ばなくて大丈夫よ。
そのケース、50kg近くあるから。

あ・・・　は、はい・・・！

50kg・・・！？
あのケースの中には何が入っているの！？

・・・デスクの用意はできたか。

は・・・　はい！！

・・・始めるぞ。

そう言うと、ボーンはアタッシュケースをデスクの上に置き、そのケースを開いた。

中から現れたのは、真っ黒なノートPCだった。

えっ・・・！？
あのケースの中にはノートPCしか入っていない・・・！

一連の動作を見ていためぐみは、ケースの中にノートPCしか入っていないことを知り、驚いた。

めぐみさん・・・　だったわね。

は、はい・・・。

ボーンのノートPCが気になる？

え、えっと・・・。

ふふ、いいのよ。
突飛な質問かもしれないけど、もし、あなたがノートPCを使っているとして、それを守るために考えうる**"最も強固なセキュリティ"**って何かわかる？

セキュリティ・・・　ですか？

そう。

ウイルス対策ソフトを入れていても、ノートPC本体を盗まれたらどうしようもないし・・・、えっ、まさか・・・

そう。最強のセキュリティとは、ノートPCを**“物理的に重くすること”**よ。
ボーンのノートPCは40kgあるの。

・・・40kg・・・！？

彼のノートPCの表面は鉛でコーティングされている。
でも、それはカモフラージュ。あのノートPCの筐体は“金”でできているわ。

・・・重金属である金の密度は19.32。
そこから算出した重量は40kgだ。

ヴェロニカの説明を補足するかのように、ボーンは言葉を発した。

ボーンの強靱な肉体は、あのノートPCを操るために鍛えられているの。もちろん、心技体という言葉があるように、強い肉体はすべてにおいてアドバンテージとなるわ。

やがて、OSの起動音とともに、ボーンのノートPCの画面は白い光を放った。

・・・サイトのURLを言え。

・・・えっ、は、はい！！
http://www.matsu〇ka-kagu.jp・・・です。

ボーンの叫び声と共に、彼の眼光は画面に映った見覚えのあるロゴを捉えた。

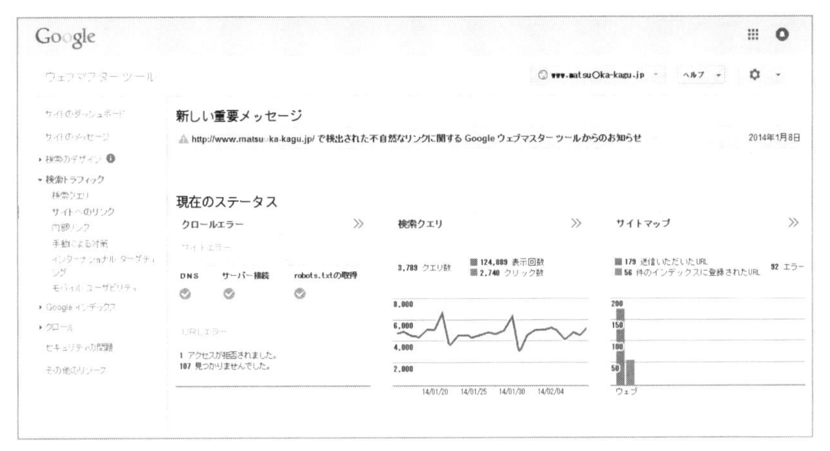

※「ウェブマスターツール」は、「Search Console（サーチコンソール）」に名称が変更されています（2016年10月現在）。

こ・・・　これは・・・！？
Googleの・・・　サービスですか？

・・・見たことがないのね。

これはGoogleが提供しているサイト管理ツール**“ウェブマスターツール”**。

あなたにGoogleアナリティクスのアカウントを共有してもらった際、ウェブマスターツールの設定も行なわれていることを確認しておいたの。

どうやら、このツールは、ガイル社が設定していたみたいね。

ガイル社が・・・。

ただ、このツールの中には、ガイル社にとって、**クライアントに教えられないくらい“マズイ情報”**がたくさん詰まっているわけだけど。

マズイ情報・・・？

・・・来るわ・・・！

ボーンの叫び声とともに、ボーンがマウスを力強く左クリックする音が部屋中に響いた。
そして、大量のURLのリストが画面に表示された。

こ・・・このリストは・・・！？

ウェブマスターツール

サイトのダッシュボード
サイトのメッセージ(4)
▸ 検索のデザイン
▾ 検索トラフィック
検索クエリ
サイトへのリンク
内部リンク
手動による対策
インターナショナル ターゲティング
モバイル ユーザビリティ
▸ Google インデックス
▸ クロール
セキュリティの問題

サマリー » すべてのドメイン
自サイト内のページにリンクしているドメイン上位 189 件

このテーブルをダウンロード　その他のサンプル リンクをダウンロードする　最新のリンクをダウンロードする　表示 25 列

ドメイン	リンク
ne.jp	18,134
ne.jp	3,818
.com	2,177
.net	585
.jp	117
.jp	61
co.jp	57
.jp	50

ウェブマスターツールの中にはね、**そのサイトに対して"どんなページからリンクが集まっているか"**を教えてくれる機能があるの。このURLはそのリンク元ページのリストよ。

そして今、ボーンは、このリンクのデータをCSV形式で出力しているの。

・・・Googleからの警告メッセージが届いていたようだな。

は、はい・・・！
Googleから**"貴サイトの一部ページでGoogleのウェブマスター向けガイドラインに違反した手法が使用されている可能性があることが判明しました"**というメッセージが届いていたんですが、私、どうすればいいのかわからなくて・・・。

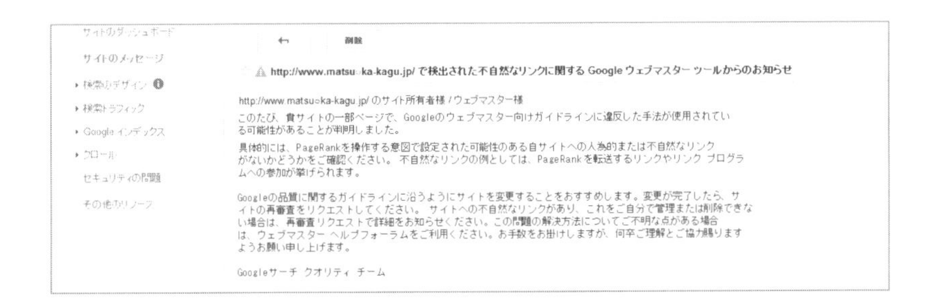

サイトのダッシュボード
サイトのメッセージ
▸ 検索のデザイン
▸ 検索トラフィック
▸ Google インデックス
▸ クロール
セキュリティの問題
その他のリソース

← 削除

⚠ http://www.matsu○ka-kagu.jp/ で検出された不自然なリンクに関する Google ウェブマスター ツールからのお知らせ

http://www.matsu○ka-kagu.jp/ のサイト所有者様 / ウェブマスター様

このたび、貴サイトの一部ページで、Googleのウェブマスター向けガイドラインに違反した手法が使用されている可能性があることが判明しました。

具体的には、PageRankを操作する意図で設定された可能性のある自サイトへの人為的または不自然なリンクがないかどうかをご確認ください。不自然なリンクの例としては、PageRankを転送するリンクやリンク プログラムへの参加が挙げられます。

Googleの品質に関するガイドラインに沿うようにサイトを変更することをおすすめします。変更が完了したら、サイトの再審査をリクエストしてください。サイトへの不自然なリンクがあり、これをご自分で管理または削除できない場合は、再審査リクエストで詳細をお知らせください。この問題の解決方法についてご不明な点がある場合は、ウェブマスター ヘルプフォーラムをご利用ください。お手数をお掛けしますが、何卒ご理解とご協力賜りますようお願い申し上げます。

Googleサーチ クオリティ チーム

・・・ガイドライン違反の原因となったリンクは、このリストの中にある。

ボーンはそう言うと、ダウンロードしたばかりのCSVファイルをExcelで開き、そこに記載されているURLのうち、特定のURLを目で追いながら、ブラウザで開き始めた。

今、何をしているんですか・・・？

被リンク元となっているページの中から、**“Googleからの評価を悪くしているページ”**を洗い出しているの。

ボーンはペナルティ解除のプロフェッショナルでもあるの。

彼の頭の中には、これまでたくさんの案件で見てきたスパムサイトのURLリストが入ってる。

そのスパムサイトのURLリストと、あなたのサイトの被リンク元リストを照らし合わせながら、実際のリンクの表示も同時に確認しているのよ。

その時、ボーンの手が止まった。

・・・リンクパターン、“黒”

・・・！

思った通りね。

あなたのサイトはガイル社のSEOサービスによって、質の悪いリンクがたくさんついている。順位が下がったのはそのリンクたちが原因よ。

ヴェロニカはボーンが発した言葉の意味をめぐみに伝えた。

・・・えっ、で、でも、
ガイル社はそんなこと教えてくれませんでした・・・。

・・・それが彼らのやり方なのよ。

自分たちのSEOサービスが原因で順位下落したなんて、言えないわよね。

もしかして、ガイル社から別のSEOサービスを提案されなかった？ **“ペナルティ解除サービス”**とか？

そ、そういえば、先日、ガイル社の営業が提案してきました。

「順位下落の原因はGoogleからペナルティを受けたことが原因だろうから、そのペナルティ解除を有料で行なう」って・・・。

自分たちがペナルティの原因であることを隠しながら、ペナルティ解除のサービスを営業する、まさに“マッチポンプ”ね。

無知なお客は、なぜ自分たちの順位が落ちたのかわからない、そこに隙が生じる。

お客もまさか、自分たちが契約したSEOサービスが原因で順位下落しているとは夢にも思わないでしょうね。

そんな・・・。

リストアップは終わった。
続いて、“Disavow Links（否認リンク）”のテキストファイルを作成する。

OK、ボーン。

あ、熱いっ！！
こ、この熱風は・・・！？

大丈夫、心配しないで。
この熱風はボーンのノートPCから出ているの。

えっ・・・！？

ボーンのノートPCは、CPUのクロック数を極限まで上げ、あらゆるアプリケーションの動作を最速にしているの。
そのため、一定の時間が経つと、CPUが暴走し、発熱するようになる。
だから、起動してから10分以内にすべての作業を終えなければならないの。

今すでに9分が経過したわ。
あと1分で作業を完了しなければ・・・、彼のノートPCは301℃に発熱する・・・！

そ、そんな・・・！

・・・大丈夫よ、彼を信じて。

・・・10

・・・9

・・・8

・・・7

・・・6

・・・5

・・・4

・・・3

・・・2
・・・1

Disavow Links List（否認リンクリスト）、送信完了。

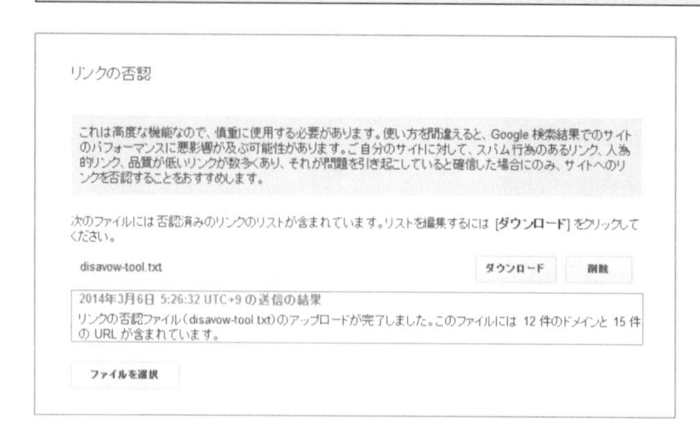

ボーンの声が静寂を破った。

・・・よかった・・・！！

さすが、ボーン。　・・・見事だわ。

・・・リンクの否認申請は出しておいた。
念のため、３週間は様子を見るんだな。

説明しよう！

ボーンが行なったのは、Google への**リンク否認リストの送信**である。
Google は無機質なリンクに対してスコアを下げるため、もし、自分のサイトが変なサイトからリンクが張られている場合には、リンクの否認ツールを用いて、Google に「このリンクは自分とは無関係である」という報告をしなければならない。

▶ **リンクの否認ツールついては 59 ページを参照**

ご利用明細票

お取扱日	店番	お取引内容
02-07-26	03058	ｶｰﾄﾞ 送金

記号	番号
*****	****6791

取扱番号	お取引金額
N144	*31,680
	残高
4205	*153,546

楽天銀行
第二営業支店
普通　　　7725090
ｱｽﾞﾎﾟｹｯﾄ(ｶ

送金料金　　　*220円
振込予定日 02-07-26

ｱﾘﾊﾗ ﾊﾔﾄ

ご利用いただきましてありがとうございました。

ゆうちょ銀行

ヴェロニカ、あとは再審査リクエストを頼む。

OK、ボーン。

うちのWebサイトはどうなるんでしょうか・・・!?

ペナルティ解除が無事にされれば、徐々に前の順位に戻ってくるわ。

私たちの経験によると、再審査リクエストを出してから、大体1週間〜4週間ほどで、ペナルティは解除される。

もっとも、リンクの否認申請が十分にできていないと、その解除も先延ばしにされちゃうけど。

ボーンなら大丈夫、安心して。

・・・あ　・・・ありがとうございます・・・!

あとは、必ず「今日中」にすべての有料リンクを外すよう、ガイル社の担当に電話をしておくことだ。

リンクの否認を完了するためには、Googleに否認申請を出すだけではなく、リンクを張っている側がリンクを外す必要があるの。

・・・ガ、ガイル社はリンクを外してくれるでしょうか?

・・・外すさ。
自社でも“ペナルティ解除サービス”を始めているくらいだからな。

ガイル社の体面上、リンクの削除依頼に応じないと、面目丸つぶれってことよ。

・・・わ、わかりました！

ただ、ペナルティが解除されたからといって安心するのは早いわ。あなたのサイトがペナルティを受けている間、競合他社はSEOにさらに力を入れてきてる。
ペナルティが解除されてからが本当のスタートラインね。

・・・はい！

・・・めぐみといったな。今夜はもう眠れ。

えっ・・・。

あなた、Webサイトの運営を引き継いでから、ゆっくり眠る日もなかったのでしょう？

レディーに“クマ”は似合わないわ。

・・・あっ・・・。

次は３週間後に来ることにする。

・・・ほ、本当にありがとうございます！！

・・・あと、120×60×70 cmのブナ材のテーブルを頼む。

えっ・・・。

ボーンがあなたの会社にオーダー家具を発注したいって。

えっ、そ、そんな・・・。

ボーンは、自分のポリシーとして、自身のクライアントのビジネスを必ず体験するようにしてるの。

テーブルに関する細かな仕様は明日以降にやりとりさせて。

は・・・はい！
・・・ありがとうございます！

・・・雨は止んだな。

そうね。

ウェブマスターツールでチェックしておきたい項目

ウェブマスターツールを使えば、あなたのサイトに対して、Googleがどのような評価をしているのかをチェックできるようになります。特にチェックしておきたい項目を以下にまとめました。

項目	詳細
サイトへのメッセージ	サーバーエラーによってGooglebotがサイトにアクセスできなくなった場合や、Googleのサーチクオリティチームによって「手動によるペナルティ」が課せられた際の連絡がメッセージとして届きます。
HTMLの改善	SEOにおいて重要なタイトルタグやdescriptionといったメタデータに対して、情報が不足していないか、重複していないか、ということを教えてくれます。
サイトリンク	サイトリンクとは、サイトの検索結果の下に表示されるリンクのことです。サイトリンクとして表示させたくないページの指定ができます。
検索クエリ	サイトがどんなワードで上位表示されているのか、表示回数やクリック率(CTR)などを教えてくれます。
サイトへのリンク	サイト内のページに対して、外部のドメインやページから張られているリンクを教えてくれます(ここでは、Googleが認識しているリンクのみが表示されます)。
内部リンク	サイト内の各ページを結ぶ内部のリンクが、Googleからどのように認識されているのかを教えてくれます。
手動による対策	手動ペナルティが課せられている場合、ここにその内容が表示されます。
モバイルユーザビリティ	モバイルからアクセスするユーザーにとって、使い勝手が悪くなっているページを教えてくれます。
インデックスステータス	サイト内のページのうち、Googleがインデックスしているページの総数やその数の推移などを教えてくれます。
コンテンツキーワード	Googleがサイトをクロールしたときに検出した重要なキーワードの一覧です。これを確認することで、サイト内のページがどのように解釈されているかがわかります。
URLの削除	Googleの検索結果に、あなたのサイト内の特定のページを表示してほしくない場合、このページからインデックス削除のリクエストができます。
クロールエラー	Googlebotがあなたのサイトをクロールした際、サーバーエラーがなかったかどうかを教えてくれます。
サイトマップ	Googleに対して送信したXML形式の「サイトマップ」の状態を確認することができます(サイトマップとはあなたのサイト内にあるページをリストアップしたXML形式のファイルのことです)。
セキュリティの問題	あなたのサイトに「マルウェア」などの悪意あるソフトウェアが仕込まれていないかなど、セキュリティの問題が発生していないかを教えてくれます。

サイト内のページがインデックスされているか確認

サイトがクロールされたからといって、サイト内にある各ページが確実にインデックスされるわけではありません。たとえば、「robots.txt」などでGooglebotのクローリングを防いでいる場合はインデックスされませんし、サーバーにエラーが起きている場合も、インデックスされないことがあります。

また、サイト構造がGoogleが掲げるガイドラインに違反している場合は、後日インデックスから削除されるケースもあります。そのため、あなたのサイト内の各ページがきちんとインデックスされているかどうかは、定期的に確認するようにしてください。

インデックスの状況を確認するには、ウェブマスターツールの「インデックスステータス」の情報を確認する方法がありますが、それ以外にも、Googleの検索窓で「siteコマンド」を入力する方法があります図4。「siteコマンド」は、あなたのサイトだけでなく、他社サイトのインデックス状況も確認できますので、覚えておくと便利です図5。

> ▶ Googleの検索窓に入力して使えるコマンド
>
> **site:TOPページのURL**
>
> 例）**site:http://web-rider.jp**　もしくは　**site:web-rider.jp**

図4 siteコマンドの例

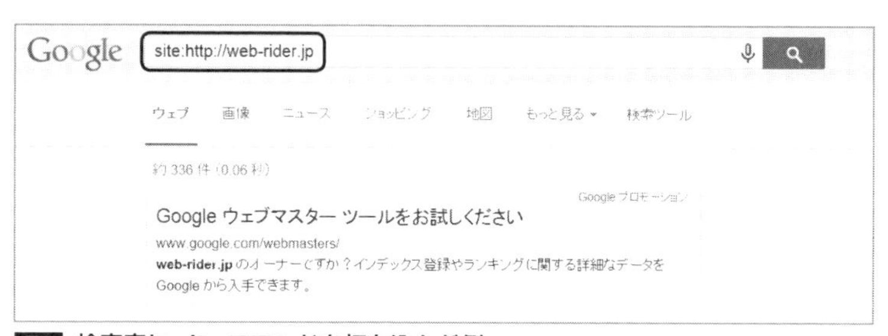

図5 検索窓にsiteコマンドを打ち込んだ例

「ウェブライダー」という会社のサイトでは、336件のページがインデックスされていることがわかる

第1話の冒頭、ボーンの運転する車の中で、私がマツオカのサイトのインデックスを確認するために使っていたのが「siteコマンド」よ。
もし、あなたのサイト内のページ数に対して、このインデックス数が少ない場合、思い当たる原因がないのであれば、何かしらの問題が起きている可能性があるわね。

広報・吉田の基本解説

ガイドラインを順守したサイトづくり

広報・吉田

SEOの基本は、検索エンジンのガイドラインに沿ったサイトを作ること。ガイドラインから外れたサイトを作ってしまうと、検索エンジンからペナルティを受け、順位が大幅に下がってしまうこともあります。必ず、ガイドラインを確認するようにしましょう。

Googleのガイドラインを順守したサイトを作ろう

あなたのサイトがGoogleからペナルティを受けないためには、Googleのガイドラインを順守したサイトである必要があります。

Googleのガイドラインは「ウェブマスター向けガイドライン」(https://support.google.com/webmasters/answer/35769?hl=ja)として公開されていますが、ここでは、そのガイドラインの中から、特に重要な箇所を簡単な言葉で紹介します。

デザインとコンテンツに関するガイドライン

- わかりやすい階層とテキストリンクを持つサイト構造にする。
- 各ページには、少なくとも1つの静的なテキストリンクからアクセスできるようにする。
- サイトの主要なページへのリンクを記載したサイトマップを用意する。
- サイトマップ内にリンクが非常に多数ある場合は、サイトマップを複数のページに分けるとよい。
- 情報が豊富で便利なサイトを作成し、コンテンツをわかりやすく正確に記述する。
- 1ページのリンクを妥当な数に抑える。
- ユーザーがあなたのサイトを検索するときに入力する可能性の高いキーワードを、サイトに含めるようにする。
- タイトルタグの要素と画像のalt属性の説明をわかりやすく正確なものにする。
- ページ内に無効なリンクがないかどうか、HTMLが正しいかどうかを確認する。

技術に関するガイドライン

- Googleがサイトのコンテンツを完全に把握できるように、サイトのアセット（CSSやJavaScriptファイル）がすべてクロールされるようにする。
- 「robots.txt」を使用して、サイト内検索の検索結果ページや、検索エンジンからアクセスしたユーザーにとってあまり価値のないほかの自動生成ページを、クロールしないよう制御する。
- サイトをテストして、各ブラウザで正しく表示されることを確認する。
- サイトのパフォーマンスを監視して、読み込み時間を最適化する

品質に関するガイドライン

- 検索エンジンではなく、ユーザーの利便性を最優先に考慮してページを作成する。
- ユーザーをだますようなことをしない。
- 検索エンジンでの掲載位置を上げるための不正行為をしない。
- ユーザーにとって役立つかどうか、検索エンジンがなくても同じことをするかどうかがポイント。
- 同分野のほかのサイトとの差別化を図る。

ここで紹介したガイドラインのうち、「品質に関するガイドライン」についてもう少し掘り下げてみます。

Googleは次のページにあるような行為をしてはいけないと警告しており、これに違反した場合には、Googleのサーチクオリティチームによって「手動ペナルティ」が課せられます。

次のページで挙げている行為のうち、昨今、多くのサイトに手動ペナルティが課せられた行為がありました。それは「リンクプログラムへの参加」です。

実は、多くのサイトは、リンク販売業者からリンクを購入してしまっていたのです。では、なぜ、多くのサイトはリンクプログラムへ参加していたのでしょうか？そもそも「リンクプログラム」とは何なのでしょうか？

やってはいけない行為

- ▶ コンテンツの自動生成
- ▶ リンクプログラムへの参加
- ▶ オリジナルのコンテンツがほとんど存在しないページの作成
- ▶ クローキング
- ▶ 不正なリダイレクト
- ▶ 隠しテキストや隠しリンク
- ▶ 誘導ページ
- ▶ コンテンツの無断複製
- ▶ 十分な付加価値のないアフィリエイトサイト
- ▶ ページのコンテンツに関係のないキーワードの詰め込み
- ▶ フィッシングや、ウイルス、トロイの木馬、そのほかのマルウェアのインストールといった悪意のある動作を伴うページの作成
- ▶ リッチスニペットマークアップの悪用
- ▶ Googleへ自動化されたクエリの送信を行なうこと

リンクプログラム(人工リンク)の闇

Googleには「PageRank(ページランク)」と呼ばれる、Webページの重要度を決定するための指標があります。この指標は「リンクがたくさん集まっているページや、質の高いリンクが多いページは重要である」という考えに基づくものです。質の高いリンクとは、リンク元のページが多くのリンクを集めている人気のページや、多くのページが言及している権威ある専門性の高いページから張られるリンクを指します。

このページランクは、Googleにおける上位表示に大切な要素だといわれており、これまで実際に、リンクの数の多いサイトや質の高いリンクを集めているサイトは、上位表示しやすい傾向にありました。リンクは、別の表現をすれば、ページの「人気票」だといえます。つまり、リンクをたくさん集めているページとは、人気のあるページだといえるのです。

ただ、そのようなページはそう簡単に作ることができるものではありません。人気のあるページを作るためには、ユーザーから評価されるページを中長期的にコツコツ育てる必要があります。

しかし、その方法では、短期で上位を獲得することが難しくなるため、ウェブマスターの中に、短期間で人工的にリンクを増やそうとする人たちが現れたわけです。

人工的にリンクを増やす方法には大きく分けて2種類ありました。

1つはWebサイトを量産し、それらのサイトから自作自演でリンクを張る方法。もう1つは、リンクを販売する会社からリンクを購入する方法です。

ただし、それらの方法によって増やしたリンクは、自然に発生した「人気票」ではありません。検索エンジンだけでなく、ユーザーをも欺く行為になってしまいます。そのため、ユーザーにとって良質な検索結果を返すことを理念に掲げているGoogleは、人工的にリンクを増やしているサイトを厳しく取り締まることにしたのです。

本作の第1話で、マツオカの社長である松岡英俊は、ガイルマーケティング社（以下：ガイル社）の井上の営業によって、あるSEOサービスを契約してしまい、その結果、サイトの検索順位を大きく下げてしまいます。なぜなら、ガイル社のSEOサービスの正体は、まさに「人工的なリンクを増やすサービス」だったからです。

第1話では、その人工リンクのことを「ペイドリンク（paid link）」と呼んでいましたが、ペイドリンクとは、金銭などの対価と引き替えに設置される人工リンクのことです。このガイル社のサービスはストーリーの中だけの話ではありません。現実のSEO会社の中にも、人工リンクの販売を行なっている会社は今もあります。なぜなら、前述した通り、自然にリンクを集めるということは簡単なことではなく、ガイドラインに違反してでも、人工リンクでリンクを増やそうとするウェブマスターは今もいるからです。

ただ、そんな考えも、2012年4月に起きたGoogleの“あるアルゴリズムの更新”を機に通用しづらくなっています。そのアルゴリズムの名前は「ペンギン」。外部リンクに対する評価ロジックの更新です。このアルゴリズムによって、人工リンクは次々と検出されるようになり、人工リンクに頼っていたサイトには警告メッセージが届くようになりました。そして、その警告を無視し続けたサイトは、順位を大幅に落とすようになったのです。

本来、SEOとは短期的に成果を出す施策ではありません。ユーザーの役に立つコンテンツを作り、人気票を自然に獲得し、中長期的にサイトを育てていく必要があります。短期的に成果をあげたいのであれば、「リスティング広告」を使うとよいでしょう。

勝手に人工リンクが増えていく!?「ネガティブSEO」

「ネガティブSEO」という言葉があります。これは、順位を落としたいライバルサイトに対して人工リンクを張り、ライバルサイトのGoogleからの評価を下げようとする手法で、一部の悪質なウェブマスターが行なうことがあります。

実際のところ、そのようなリンクが増えてもサイトには影響がないといわれていますが、リンクを張る側は巧妙な手段でリンクを張るため、最悪のケースでは、あなたのサイトが人工リンクを購入していると誤解されてしまうリスクがあります。

このネガティブSEOの対処法としては、怪しげなリンクを見つけた際は、後述する「リンクの否認」以外に方法がありません（60～61ページ参照）。怪しげなリンクを見つけた際には、「リンクの否認ツール」を用いて、そのリンクをこまめに否認することをオススメします 図1 。

そのためには、ウェブマスターツールを使って、自分のサイトが変なサイトからリンクを張られていないかどうかを定期的に確認することが大切です。

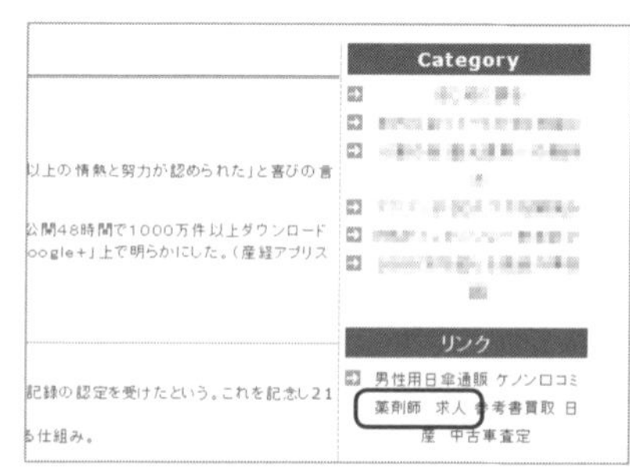

図1 文章が自動生成された怪しげなページからリンクが張られてしまっているケース

SEOを行なう人の中には、「質の高いサイトへリンクを張ることで、自分のサイトが良質なサイトとして評価される」と考えている人もいるの。
だから、そういう人は、自分のサイトの評価を上げるために、外部のサイトへリンクを張っているケースもあるわ。
でも、そのリンク元サイトの質が低いようなら、リンクを張られた側からすると、よい気持ちがしないわよね。

Googleからの警告メッセージが届いたら

Googleからの警告メッセージが届くケースには、あなたのサイトが人工リンクなどによる「スパム行為」を行なっていると判断されたときだけでなく、サイトのコンテンツの価値が低いと判断された場合もあります。

そして、この警告メッセージが届いたときは、Googleによって、サイトに対して何らかのペナルティが与えられることがあります。それが「手動による対策（手動ペナルティ）」です。手動ペナルティの内容は、ウェブマスターツールの［手動による対策］をクリックすることで確認できます。

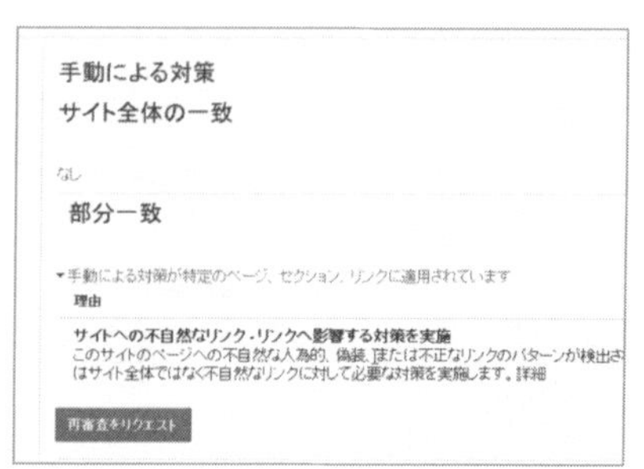

図2 手動ペナルティのメッセージ

もし、手動ペナルティを受けているようであれば、図2 のようにペナルティの内容が表示されます。

手動ペナルティを受けている場合、ペナルティを受けた原因を改善しなければ、順位の改善は期待できません。また、原因を改善したあとは、そのまま放置するのではなく、Googleに対して「再審査」をリクエストする必要があります 図3 。

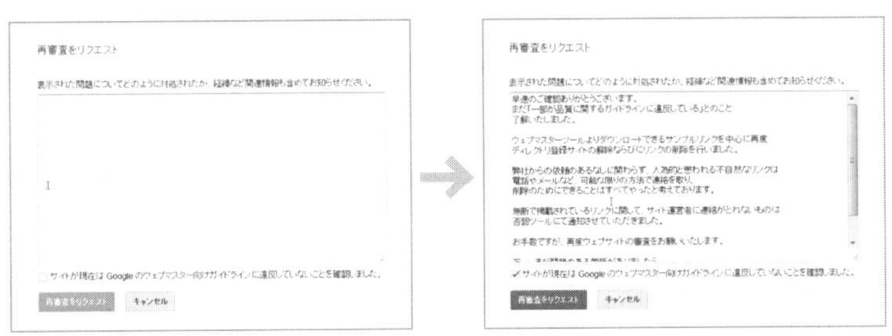

図3 「再審査をリクエスト」のフォームから、サイトの改善内容と再審査の依頼を送る例

ペナルティには「自動ペナルティ」もある

サイトに課せられるペナルティの中には、サーチクオリティチームによるペナルティではなく、Googleのアルゴリズムによって自動的に課せられるものもあります。これを「自動ペナルティ」と呼びます。

この自動ペナルティに関しては、ウェブマスターツールにメッセージが届かないため、自分のサイトが本当にペナルティを受けているかどうかは、自身で判断するしかありません。

たとえば、アルゴリズム更新のタイミングで急激に順位が落ちた場合などは、何らかの自動ペナルティを受けた可能性があります。自動ペナルティを受けるほとんどのケースは、コンテンツの内容が薄かったり、キーリードを詰め込んだりなどの過度なSEOを行なっている場合です。Googleが公開している「ウェブマスター向けガイドライン」を見直しながら、サイトの構造だけでなく、コンテンツの中身も見直してみてください。

代表的な手動ペナルティと、その対応策について次のページにまとめてみました。手動ペナルティの通知を受けた際には、次のページを参考にし、サイトを改善してください。

手動ペナルティの原因	ペナルティが課せられた理由	対応策
サイトへの不自然なリンク	サイトへの不自然なリンク、人工的なリンクのパターンが検出されたため	① ウェブマスターツールの「サイトへのリンク」のページから、サイトに対して外部から張られているリンクのリストをダウンロードし、不自然なリンクや人工的なリンクを特定し、それらのリンクを削除もしくは否認する。 ② そのリンクが自作自演の場合は、リンク自体を削除するか、「rel="nofollow"」属性を追加し、PageRankの渡らないリンクに変更する。 ③ 他人が張ったリンクの場合は、リンクを張っているウェブマスターに連絡して削除してもらうか、Googleが提供している「リンクの否認ツール」を用いて、リンクを否認する。
サイトからの不自然なリンク	サイトから外部への不自然なリンク、人工的なリンクのパターンが検出されたため	サイト内から外部に張られているリンクのうち、外部サイトの評価をあざとく上げようとしているリンクを特定し、「rel="nofollow"」属性を追加し、PageRankの渡らないリンクに変更する。
価値のない質の低いコンテンツ	サイト内で低品質なページや、自動生成されたような内容の薄いページ、アフィリエイトのためだけに作られた内容の薄いページ、無断複製された重複コンテンツが見つかったため	① ページの内容を充実させるか、もし、充実させるのが難しい場合は削除、もしくは、メタタグに「noindex」を入れる。 ② 外部のページの内容を無断複製したコンテンツがあれば、そのコンテンツを削除する。もしくは、ページ内のコンテンツのオリジナリティを阻害しない範囲での引用に変える。 ③ アフィリエイトリンクだらけでコンテンツに中身がないページは、コンテンツを充実させるか、削除する。
隠しテキスト／キーワードの乱用	一部のページに隠しテキストが含まれているか、ページ内でキーワードの乱用が行なわれているため	① ウェブマスターツールの「Fetch as Google」の画面から、クローラーには認識されるが、サイトにアクセスしたユーザーには表示されないコンテンツがないかどうかを確認する。 ② Webページの背景と同じ色または類似した色のテキストがないかを確認する。 ③ CSSのスタイルや配置を使用して隠されたテキストがないかどうかを確認する。 ④ 単語の繰り返しからなる、文脈のないリストや段落がないかどうかを確認する。

人工リンクのペナルティを解除する

外部リンクを増やすためだけにサイトを量産したり、リンク販売業者からリンクを購入してしまうと、Googleからペナルティを受けます。このペナルティを解除しなければ、順位は改善しません。万が一、ペナルティを受けてしまった場合の対処法を解説します。

広報・吉田

人工リンクに対するペナルティを解除する手順

第1話では、ボーンさんが手動によるリンクペナルティの解除作業を行ないましたが、ここでその作業の流れを詳しく解説します。

大まかな作業の流れとしては、以下のようになります。

1. ウェブマスターツールの「サイトへのリンク」のページから「リンクのリスト」をダウンロードする

↓

2. そのリストの中から、怪しげなリンクを抽出し、それをテキストファイルにまとめる

↓

3. 問題となっているリンクを張っているサイトへ連絡し、リンクを外してもらうように依頼する

↓

4. Googleが提供している「リンクの否認ツール」を使って、そのテキストファイルを「品質の悪いリンク」のリストとして、Googleに送信する

↓

5. 再審査リクエストフォームから、③ ④ で行なった作業をGoogleに報告する

また、「リンクの否認申請」に関しては、手動ペナルティを受けてなくても実行できますので、「ネガティブSEO」によるトラブルが起きたときに対応できるよう、覚えておいてください。

では、次のページから実際の手順を見ていきましょう。

1 まず、サイトへ張られているリンクのリストをダウンロードしましょう。ウェブマスターツールのサイドメニューから[サイトへのリンク]をクリックし、右に表示されたページの中から、「最も多くリンクされているコンテンツ」の下部にある[詳細]をクリックします。

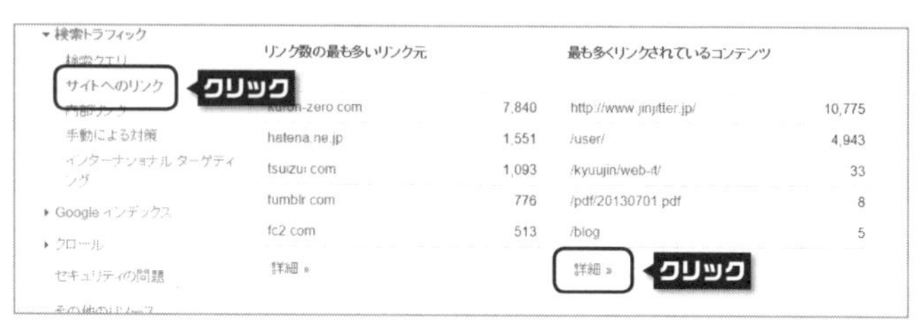

2 次のような画面が表示されますので、ページ上部にある[最新のリンクをダウンロードする]をクリックします。

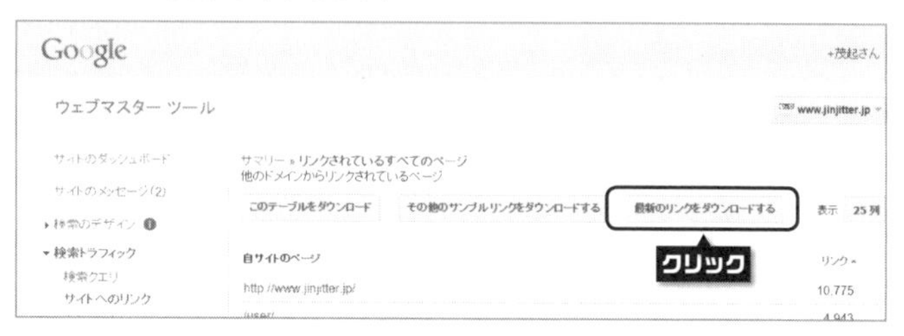

3 ダウンロード形式の選択画面が開きますので、お好きな形式を選んで[OK]をクリック(CSV形式のファイルは「UTF-8」の文字コードのため、Excelでそのまま開くと文字化けします。Excelで開く場合は、事前に外部のテキストエディタなどでファイルの文字コードを「Shift-JIS」に変更しておく必要があります)。

4 ダウンロード後のファイルを開くと、下の図のような内容になっています(下の図はGoogleドキュメントを使ってファイルを開いた例です)。

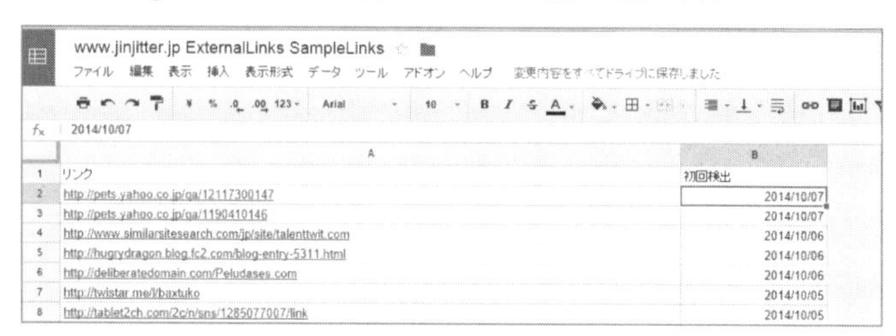

4にリストアップされているURLが、あなたのサイトに対してリンクを張っているページです。このリンクリストをもとに、不自然なサイトからリンクが張られていないか「目視」で確認していきます。

効率的に作業を進めるポイントとしては、問題のなさそうなドメインはリストから除去したり、見慣れないURLや明らかに怪しげなURL（海外のドメインなど）がないかを優先的にチェックしていくことです。

また、以下でご紹介するChromeの拡張機能などを併用すると、作業がスピードアップします。

複数URLを一気に開く場合は、Chromeの拡張機能「Pasty」が便利！

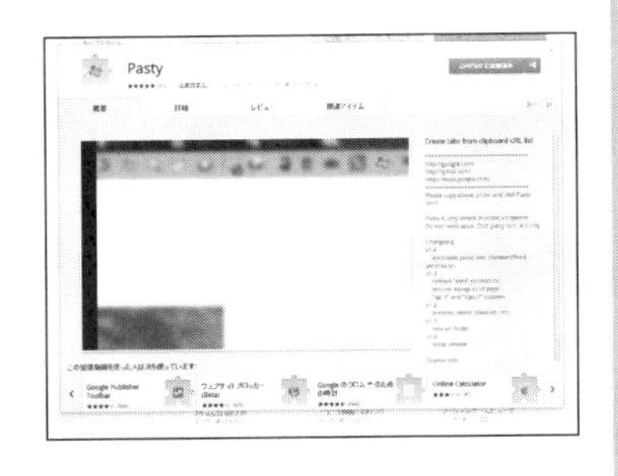

CSVに掲載された複数のURLを一括で開きたいときは、ブラウザのChromeの拡張機能「Pasty」がオススメです。クリップボードに貼り付けた複数のURLをタブで一気に開いてくれます。

開きたいURLの文字列を複数コピーして、Chromeのツールバーにできたpastyボタンを押すだけで、コピーしたURLがタブで開きます。

リストに記載されているページを一括で確認する際に役立ちます。

5 怪しげなリンクを張っているURLをリストアップしたあとは、それらのURLをテキストファイルに貼り付けて、任意のファイル名で保存します。
このテキストファイルを、Googleの「リンク否認ツール」を使って、Googleに送信することになります（テキストファイルのファイル名は自由ですが、エンコードは「UTF-8（BOMなし）」にしておいてください）。

6 続いて、リンクの否認ツールにアクセスします。Googleの検索窓から「リンクを否認」と検索し、表示されるページへアクセスしてください。このページを下にスクロールすると、「リンクの否認ツール」へのリンクがあります。

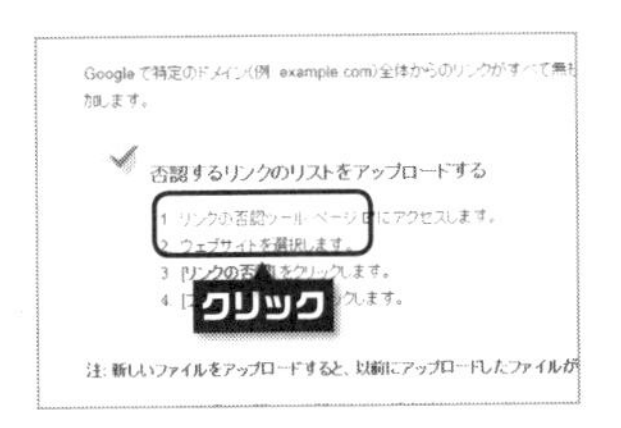

7 次に表示される画面で、リンクの否認申請をしたいサイトを選びます（ウェブマスターツールで登録されているサイトがリストアップされていますので、その中から選択します）。サイトを選択したら、[リンクの否認]をクリックします。

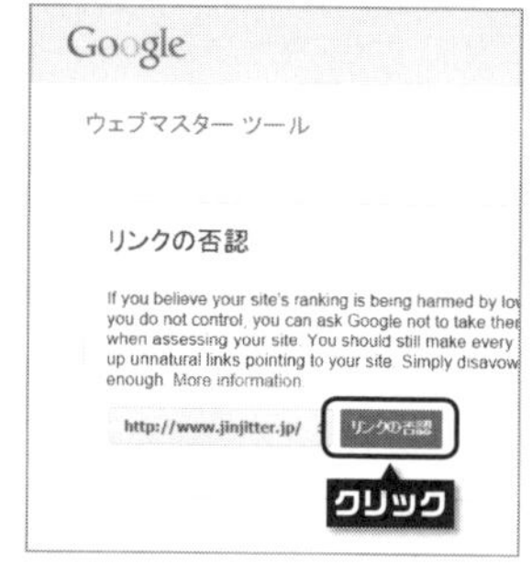

8 下のような画面が表示されるので、注意書きを読んだあと、[リンクの否認]をクリック。すると、[ファイル選択]のボタンが現れるので、それをクリックします。

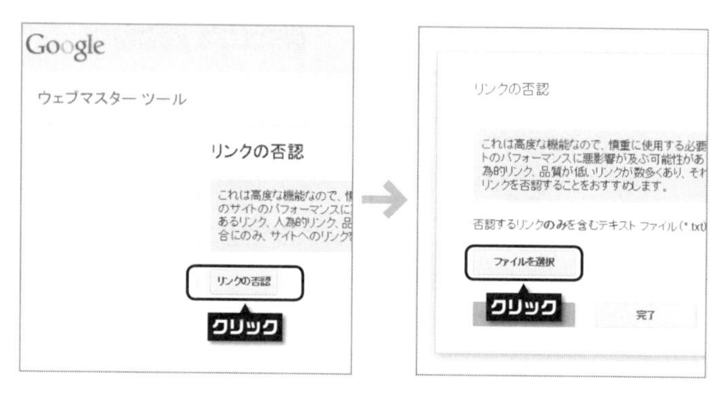

9 先ほど作成したテキストファイルを選び、[送信]をクリック。すると、Googleのサーバーへのファイルのアップロードが始まります。完了すると元の画面に戻りますので、それでリンクの否認申請は完了です。

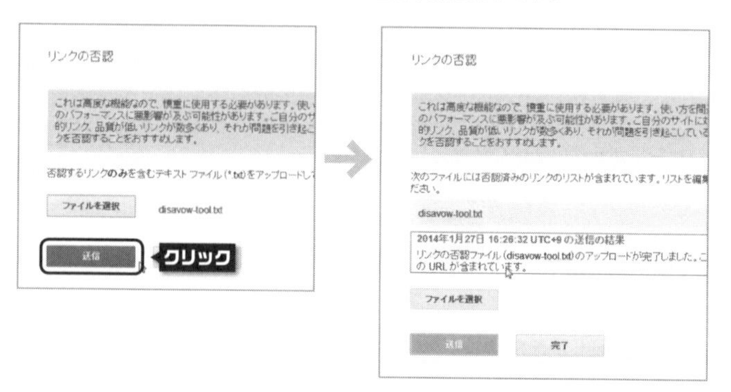

10 もし、あなたのサイトが手動ペナルティを受けている場合は、リンクを否認申請したあと、Googleに対して「再審査リクエスト」を行なう必要があります。ウェブマスターツールのサイドメニューにある［手動による対策］をクリックします（再審査リクエストは［手動による対策］にメッセージが表示されているときにしかできません）。

11 「手動による対策が～」というテキストをクリックすると、ペナルティの理由が表示されます。それと同時に、以下のように［再審査をリクエスト］というボタンが表示されるので、それをクリックします。

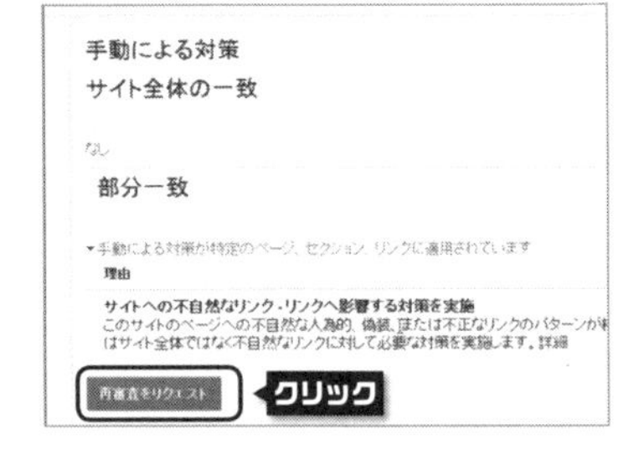

12 対処した内容や経緯などを記入し、チェックボックスにチェックを入れ、［再審査をリクエスト］をクリックします。

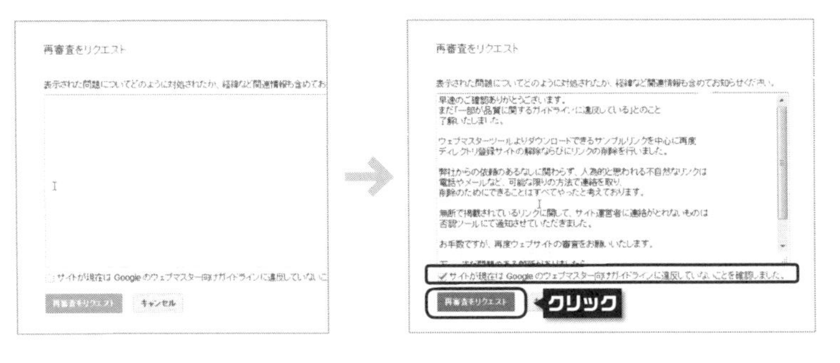

以上で再審査リクエストは完了です。サイトの改善に問題がなければ、再審査リクエストを出してから、1週間～4週間ほどで手動ペナルティは解除されます。

吉田守の**まとめ!**

■ **Googleの「ウェブマスターツール」を活用する**

ウェブマスターツールに登録しておくことで、Googleに自社のサイトがどのように評価されているかを確認できる。また、万が一、ペナルティを与えられた場合などの対応が素早くできる。

■ **「ウェブマスター向けガイドライン」に遵守したサイト運営を行なう**

Googleで評価されるサイトを作るためにも、Googleがどのような視点でサイトを評価しているのかを知っておく。ガイドラインには「デザインとコンテンツに関するガイドライン」「技術に関するガイドライン」「品質に関するガイドライン」などがある。

■ **Googleから警告メッセージが届いたときは「再審査リクエスト」を出す**

Googleから"不自然なリンク"に関する警告を受け取った際は、リンクペナルティを解除するためのフローに従って行動する。指摘された問題箇所を改善して、再審査リクエストを出したあと、問題がなければ、概ね1〜4週間ほどでリンクペナルティは解除される。

[**前回までのあらすじ**]

オーダー家具の会社「マツオカ」に現れた謎の男「ボーン・片桐」。

彼は「ヴェロニカ」と名乗るパートナーとともに、数多くのWebサイトを再生させてきたプロのWebマーケッターだった。

「マツオカ」の社長令嬢である「松岡めぐみ」は、倒れた父に代わり、悪質なSEO会社によって検索順位が大きく落ちた自社サイトのペナルティ解除をボーンに依頼する。

果たして、マツオカのWebサイトのペナルティは無事に解除されるのか？
そして、マツオカのWeb集客の運命は・・・！？

今、物語は静かに動き始めた・・・！

どこかで見た景色が目の前に広がる。
ここは・・・　クロスアナリティクス社？

右手に掴んだカードキーを
エントランスのセキュリティゲートにかざしたが、
セキュリティは解除されない。

「・・・！？」

その時、エントランスの向こうから一人の男がやってきた。

「・・・ボーン、お前はもうクロス社の一員じゃない」

「・・・どういうことだ？」

「・・・さらばだ」

「・・・！？　なぜだ！？　デイビッド！？　デイビーッド！！」

EPISODE 02

偽りと本質のWebデザイン

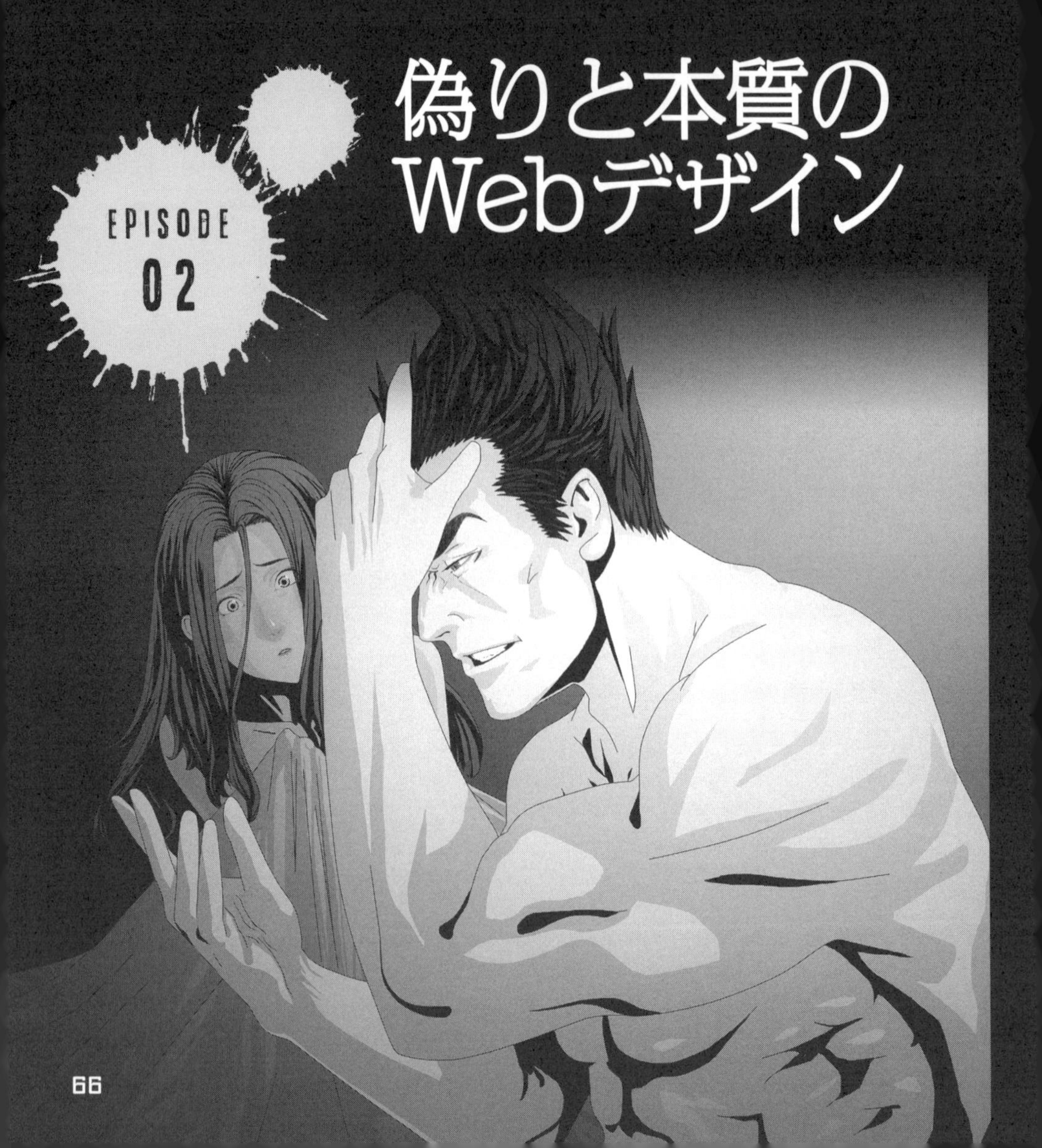

はあっ　はあっ　はあっ・・・。

ボーン、大丈夫・・・！？
ひどくうなされていたわ。

ボーンの傍らに、心配そうに覗き込むヴェロニカの姿があった。

・・・。

もしかして・・・いつものあの夢・・・！？

ボーンはヴェロニカの質問には答えず、ベッドに横たわった身体を起こした。

・・・今日で21日目だな・・・。

・・・ええ。

ボーンはカーテンを開けた。
摩天楼から見えるビル群。
その先には、漆黒の闇を明るく照らし始める朝の光があった。

部屋に届き始めた光は、部屋の奥に置かれたブナ材のテーブルをまぶしく照らす。

このテーブル、本当に素敵だわ。
さすが職人の仕事ね。

・・・。

マツオカのWebサイトに課せられていたGoogleからのペナルティ、解除されたみたい。
さっきウェブマスターツールで確認したわ。

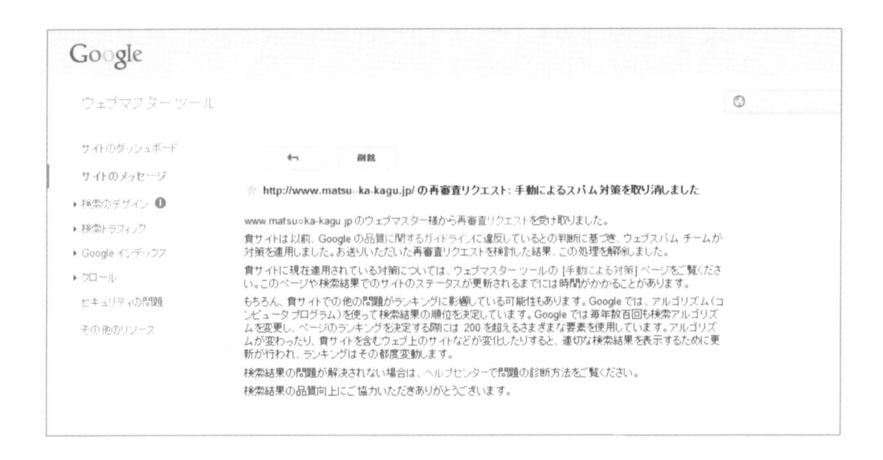

・・・そうか。

そう言うと、ボーンはゆっくりと椅子に腰掛けた。

ボーン、これからどう闘うつもり？
あなたの腕を信頼しているけれど、お世辞にも、あのサイトがすぐに売上げを伸ばせるとは思えないわ。

ヴェロニカの声を聞くか聞かないかと同時に、ボーンはアタッシュケースからノートPCを取り出し、ブナ材のテーブルの上に置いた。
PCを起動し、ブラウザを立ち上げるボーン。
そこに映し出されたのは、マツオカのWebサイトだった。

マツオカのサイトね。

・・・Webデザイナーだな。

えっ？

・・・Webデザイナーですべてが決まる。

ボーンはそう言うと、おもむろに立ち上がり、鉄のハンガーにかかったジャケットを手に取った。

出かけるのね。

ああ、白い豹を起こしておいてくれ。

OK、ボーン。

ボーンの様子がいつもと違う。
ガイル社との決着をつける気なのね・・・。

ヴェロニカは白いジャガーに乗り込み、ゆっくりとアクセルを踏んだ。

めぐみさ～ん、どうやらペナルティってのが解けたみたいですよ～。

マツオカのオフィスで、松岡めぐみに声をかける人物がいた。

えっ！？
ほ、本当だ・・・！！　ありがとう！！　高橋くん！

いや～、ウェブマスターツールとかいうのからメールが届いてたんで。
これで元通り、順位が上がるんですかね～。

言葉を発した男の名は「高橋裕太」。マツオカの専属 Web デザイナーだ。

う・・・ん、実はまだよくわからないの。
でも、あの人の言ったとおり、ペナルティは解除されたわ。

“あの人”って・・・？
この間、深夜にやってきたという、謎の男のことですか？

・・・ペナルティが解除されただけじゃ、順位は上がらないわ。

えっ！？

！？

ボーンさん！！　ヴェロニカさん！！

お久しぶりね。3週間ぶりかしら。

はい！！
おかげさまで、サイトのペナルティは解除されたようです！

・・・この会社のWebデザイン担当は誰だ。

あ、ボーンさん！！
先日は本当にありがとうございました！

・・・Webデザイン担当は誰だ・・・？

あ、す、すいません・・・！　彼です！
彼がうちのWebデザイン全般を担当してくれている『高橋くん』です。

ど～も、高橋です。
めぐみさんからお話は聞いてました。

・・・。

うわ・・・　ガタイ、ごついっすね。

ふふ。ボーンの握力は100kgを超えているわ。

ひゃ、ひゃっキロ・・・！？
何か格闘技とかやってんすか！？

・・・お前がこのサイトをデザインしたのか？

お、お前・・・って・・・。
はい、そうすよ、俺がこのサイトのデザインとコーディングを担当してます。

そうなんです、高橋くん、すごいんですよ。
２年前にうちに来てから、すぐにこのサイトを作ってくれたんです。

・・・文章もお前が書いたのか？

そうっすね。
ただ、俺、文章を書くの苦手なんで、最低限の文章しか載せてないっすけど。

・・・お前にとってWebデザインとはなんだ？

えっ！！？

・・・！？

い、いきなりそんなこと言われても・・・。

急に変なことを聞いて、ごめんなさいね。
ボーンは、あなたがこのサイトのデザインをした時に、**“何”を大切にデザインしたか** を聞いているの。

うーん・・・。
・・・そうっすね、やっぱ“アート性”っすかね。
家具を販売しているサイトっすから。
家具を買う人ってお洒落好きな人が多いし、やっぱサイトもお洒落にしておかないと。

・・・辞めろ。

へ？

・・・聞こえなかったのか？　Webデザイナーを辞めろ。

ボーンさん！！

慌てて駆け寄るめぐみを、ヴェロニカは手で静止した。

や、辞めろって・・・おっさん、何様のつもりだよ！！
め、めぐみさん！！　俺のことそう思ってたんっすか！！？

いいえ！　そんなこと一度も思ったことないわ。

ボーンさん！　高橋くんはこの会社に来てから、一生懸命、あのサイトを作ってくれたんです。うちの会社が存続していられるのも、あのサイトがあるからなんです！

いきなり、辞めろなんて・・・　意味がわからないです！！

怒るめぐみを意に介さず、ボーンは静かに言った。

高橋といったな・・・。
お前の仕事はWeb制作以外にあるのか？

し、仕事って・・・　あ、新しい家具が完成した時には写真を撮ってる。あとは、販促用のフライヤーもデザインする！

文章は書くのか？

・・・だから、俺は文章が苦手だって・・・。

・・・。
俺なら、今より売上げのあがるサイトを、１日で作れるぞ。

えっ・・・！？

な・・・　１日って、そんな短い時間でどんなサイトが作れるってんだよ！！

怒りに震える高橋。
そんな高橋を心配そうに見守るめぐみ。

ヴェロニカが口を開いた。

めぐみさん、ごめんなさいね。
実は、あなたたちのサイトのことを調べさせてもらったの。

──オーダー家具、松岡

住まいやライフスタイルにこだわるお客様をターゲットに、オーダー家具（注文家具）を製作している会社。

食器棚や本棚、リビングボード、場合によってはドラム型の洗濯機収納まで、世界にない"たったひとつ"の自分だけの家具にこだわるお客様を対象としている。

オーダー家具が依頼されるシチュエーションは、主に、新築や建替え時。

昔は建築家からの直接の依頼が多かったけれど、最近は建築家を介さず、直接会社へ問い合わせをしてくるお客様も増えている。

現在のサイトデザインは「黒」を基調としたシックな配色。

TOPページや内部ページにはテキストがほとんどなく、画像をメインに配置。内部ページの「About」に、マツオカの企業理念などが短いテキストで紹介されているくらい。

コンバージョンポイント（成約ポイント）は、電話とメールフォーム。

フォームでは、

- 名前
- 性別
- 年齢
- 電話番号
- 住所
- メールアドレス
- URL
- 家具のタイプ
- 家具のサイズ
- 使用素材
- 色
- その他 伝えたいメッセージ

を入力するようになっている。

フォームのプログラムは「Googleドライブ」で生成されるフォームを使用。
お問い合わせがあったお客様に対しては、メールで折り返し返事をするようね。

お問い合わせフォーム

オーダーのお見積りやお問い合わせ、ご注文などはこちらよりお願いいたします。

*必須

ご氏名 *

性別
○ 男性
○ 女性

年齢

お電話番号 *
例)00-0000-0000

ご住所

メールアドレス *
例)info@matsuOka.co.jp

URL
ホームページをお持ちのお客様はURLを教えていただけますと幸いです。

ご希望の家具の種類 *

家具のサイズ
（単位はmmでお願いいたします）

素材
ご希望の木材をお選びください。

塗装
塗装をご希望の場合は、カラーをお伝えください。

その他のメッセージ
メッセージなどがございましたらご記入をお願いいたします。

送信

Powered by Google Forms

お客様一人ひとりに合わせて家具をデザインするビジネスだから当然ね。見積額もそれぞれで違う。

・・・ぜ、全部記憶されているんですか？？

あら、大切なお客様のサイトだもの。
これくらいの情報、記憶してしまうわ。

ふーん・・・。
あんたたちが言うダメ出しの理由がわかったぜ。
フォームのプログラムを変えろって言うんだろ？

たしかに、俺はPHPなどのコードが書けないし、うちのフォームのプログラムはGoogleドライブで作った簡単なものだからな。

たしかに、このフォームは改善し甲斐があるな。
しかし、このフォームよりもっと先に、根本的に改善すべき点がある。

！？

・・・ヴェロニカ。

・・・OK、ボーン。

実はね、マツオカのサイトの過去をチェックさせてもらったの。

マツオカのサイトは、**過去２回リニューアルされているわね。**

ど、どうやってそんな情報を・・・？

・・・Wayback Machine（ウェイバックマシン）だ。

ウェイバックマシン・・・？

・・・そこのPCを借りるぞ。

は、はい！

・・・！
危ないっ！！　みんな、離れて！！

ぐはああああ！！！

きゃあああっ！！
・・・こ、この風は・・・！？

・・・言うのが遅かったわ。
今のはボーンのキータッチから発生した風よ。

ボーンは日頃、40kgの特注ノートPCを使っている。
だから、普通のPCのキーボードを叩くと、すさまじい衝撃波が発生するのよ・・・。

はっ！
こ、このサイトは・・・！！

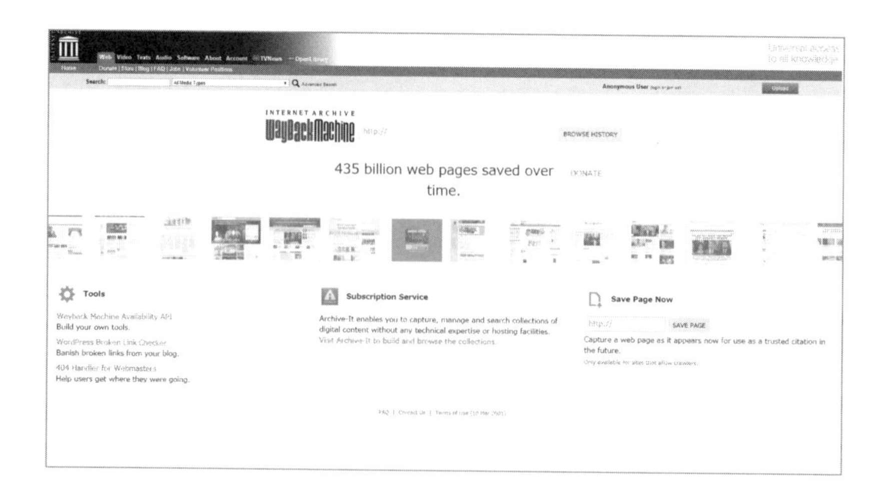

「**Wayback Machine（ウェイバックマシン）**」というサイトよ。
このサイトでマツオカのサイトのURLを検索すれば、過去、どんなサイトだったかがわかるの。

説明しよう！

Wayback Machine は、インターネットアーカイブ（Internet Archive）が保存しているウェブサイトを閲覧できるサービス。

インターネットアーカイブは世界中の Web サイトに関するさまざまな情報をアーカイブしている非営利団体で、1996 年に設立された。
この Wayback Machine は、彼らがアーカイブ化している情報を提供しているサービスであり、URL を入力すれば、その URL で過去どんなサイトが運用されていたのかを時系列で知ることができる。
最近では SEO においても使われることが多く、「取得したドメインで過去にどんなサイトが運営されていたか？」といった情報も確認できるのだ！

こんな便利なサイトが・・　あるんですね・・・。

いろいろなサイトをアーカイブしているってわけか・・・。

マツオカのURLを調べてみると、過去に2回、リニューアルされたことがわかったわ。
ただ、どのリニューアルも、TOPのビジュアルや写真が変更された程度のリニューアル。
文章などのコンテンツは大きくリニューアルされていない。

ふ、ふん、リニューアルってものは、イケてないサイトが行なうものさ。

あのさ、今のマツオカのサイト、“イケウェブ”っていうイケテル Web サイトばかりを集めているサイトで取り上げられたんだぜ。この「黒」の使い方とかお洒落でクールだろ？

それでも、うちのサイトが“ダ・メ・なサイト”って言えるんですかね。

・・・お前はデザインとアートを混同している。

デ、デザインとアート！？

・・・マツオカのサイトの目的はなんだ？

・・・はあぁ？　そんな質問、誰でも答えられるさ。
“お問い合わせ件数を増やすこと” だろ？

そうよ。
ただ、今のサイトだとお問い合わせ件数が増える気配はないわね。

なっ・・・！！

・・・高橋くん、このサイトのアクセス解析はどれくらいの頻度で見てるの？

アクセス解析？
あっ、ああ、Googleアナリティクスのこと？
うーん、そうだなあ、大体１週間に１度くらい見てるよ。

どんなデータを重点的に見てるの？

えっ・・・。どんなデータっていわれても・・・。
ちょ、直帰率とか、コンバージョン（成約数）とか、まあ、そのあたりだね。

「平均セッション時間」は見ていないの？

へ？　セッション時間？

・・・平均セッション時間　・・・別名、滞在時間。
ユーザーがどれだけ長い間ページを閲覧していたかを示す指標だ。

・・・？

マツオカの平均セッション時間は・・・　17秒ね。

つまり、訪問してきた人は17秒しかページを見ていないっていうことですか・・・？

そうね。

もちろん、「マツオカ」というブランド名で検索してくるユーザーや、「オーダー家具」や「注文家具」などの一般ワードでアクセスしてくるユーザーなど、訪問者の属性によって滞在時間は変わるわ。だけど、17秒というのはさすがに短かすぎる気がするわね。

・・・。

お前が自分のデザインをクールだと思うのは勝手だが、17 秒しか見られていないという現実も考えた方がいいな。

ふん・・・。
たとえ 17 秒しか見られていないとしても、元々、文章とか少ないサイトなんだ。
ほかのサイトよりも見られる時間が短くなるのは当然だろ？

どうやら、お前はマーケティングの本質を見失っているようだ。

本質・・・！？

・・・一つ質問しよう。
お前はマツオカのオーダー家具を買ったことはあるのか？

・・・は？
ないよ、あるわけないだろ？

・・・なぜ、“あるわけない”なの？

はあああ！？　うちの商品だぜ？
なんで、社員である俺が買うのさ？

そもそも、オーダー家具なんて、金持ちの購入するもんさ。
めぐみさんには悪いけど・・・、うちの給料、そんなに高くないし。
何より、俺んち賃貸だしな・・・。

・・・俺はこのマツオカでブナ材のテーブルを発注した。
素晴らしい商品だった。
俺の細かな要望にも対応し、丁寧に仕上げられたフォルムには、
マツオカの職人の魂を感じた。

あっ・・・！！
ボーンさん、先日はテーブルのご注文、本当にありがとうございました！！
気に入っていただけて・・・本当にうれしいです！

・・・マツオカにはよい職人がいるな。

・・・ありがとうございます・・・！！

・・・。

マツオカでは小さな家具も注文できるみたいだけど？

・・・。
何だよ、小さな家具くらいだったら、自分で注文してみろってこと？

えっ、そ、それはちょっと･･･。高橋くん頑張ってくれてますし･･･。彼にうちの商品を買わせるのは・・・。

めぐみさん、今のサイトが **“売れないサイト”** になっているのは、そこが原因よ。

えっ・・・？

お客様の気持ちがわからない人には、お客様が求めているサイトをつくれないの。

・・・いえ、作れないというより、わからないのよ。

“お客様が本当に求めている情報が何か？”ということに。

お客様が本当に求めている情報・・・。

世の中には、お客様の気持ちを理解して作られたサイトと、そうでないサイトがある。
残念ながら、多くのサイトが後者。
だから、私たちのような、第三者視点でアドバイスをするコンサルティング会社があるんだけどね。

・・・。

そして、残念ながら、現在のマツオカのサイトも後者。

ボーンが**“自分で作ったサイトの方が売れる”**と言ったのは、大袈裟でもなんでもないのよ。

だって、ボーンは実際にこのお店で注文したんだから。
マツオカで家具を注文しようとする人の気持ちがわかるのよ。

む・・・・　む　ああああああああああ！！！

・・・あのさあ！！　むちゃくちゃだよ！！
なんだよ！！　あんたら！　さっきから言いたい放題！！

俺のデザインにダメ出しして、挙げ句の果てに、マツオカの家具を買えって！！？

ああ、マツオカの家具は確かにクオリティ高いよ！

リピーターもちゃんとついてるしな！！

でもな、できることと、できないことってのがあるんだ！！

なぜ"できない"の？

・・・！？

・・・高橋くん、あなた、家具は好き？

・・・か、家具は　・・・嫌いじゃないけど、正直、特別好きっていうわけじゃない。

マツオカで働いているのも、好きだったWebデザインの仕事に就きたかったからさ。

マツオカの家具のクオリティは高いと思うけど、正直・・・他社と比べてどうかはよくわからない。

・・・まあ、でも・・・。

でも・・・？

・・・デスクには興味がある。
自宅の作業机には・・・　こだわりたい・・・。

めぐみさん。
これは私たちからの提案なんだけど、高橋くんに臨時ボーナスとして、オーダー家具をプレゼントするのはどうかしら？

えっ・・・？

本当は自分のお金で購入する方がいいんだけど、マツオカの家具はそれなりのお値段がするしね。

お客様の心を知るには、自分がお客様になるのが一番早いの。

欲しくないものを購入しても仕方がないけど、彼はデスクには興味があるみたいだから。

私たちにコンサルティング料を払うことを考えたら安いはずよ。

そ・・・そうですね！　・・・じゃあ、高橋くん・・・。
臨時ボーナスで・・・見積額が30万円以内だったら、家具を注文してもらってOKということにするわ。

えっ・・・！！
ほ、ほんとですか・・・！？

うん、いいサイトを作ってもらうためだもの。

じゃあ・・・ちょっと俺、どんなデスクがいいか、考えてみます！
さーてと、うちのサイトをお客様視点で見るとするかな。

待て。

！？

・・・マツオカで買えと言ったわけじゃない。
いろいろなサイトを見比べ、自分が注文したいと思ったサイトで注文するんだ。

えっ・・・　それって・・・。

マツオカを選ぶ必要はない。

え・・・　ええっ・・・！？

お客様の気持ちを知るということは、お店を探す時の気持ちも知るということ。
お客様がみんなマツオカのサイトを選ぶとは限らないわ。

・・・た、確かにそうだけど・・・。
い、いいんすか？　めぐみさん・・・。

・・・。
ヴェロニカさんの言うとおりだわ。
お客様がどのような気持ちで家具のお店を選んでいるのか、そこを理解する必要があるということね・・・。

そうよ。
さすがね、めぐみさん。

・・・今から、1週間以内に注文しておけ。
ただし、くれぐれも“情”には振り回されるな。

・・・わ、わかったよ。

た、高橋くん。
私、高橋くんがどこのお店を選んでも、大丈夫だからね！

は、はい、めぐみさん・・・、ありがとうございます。

ヴェロニカ、発つぞ。

OK、ボーン。

めぐみさん、今日はこれで帰らせていただくわ。
1週間後、また来るわね。

は・・・　はい・・・！！

ボーンとヴェロニカは白い豹に乗り、喧噪の街へと消えていった。

そして１週間後・・・！

めぐみさん・・・。　俺・・・。

いいのよ、高橋くん。
これで、あの人たちの言っていたことが、なんとなくわかったわ。

俺、実は最初、前々から気になっていた「KAGUJIN」っていうサイトで買おうと思ったんです。
KAGUJINは若者向けの家具をたくさん作っていて、デザインもクールなものが多くて・・・。

でも、検索していろいろなサイトを見ているうちに、「KAGUJIN」がつくる家具のテイストに近い「デザラボ」ってサイトで注文したくなりました。

デザラボ・・・。このサイトね。

めぐみはそう言うと、検索エンジンで「デザラボ」と検索し、サイトを表示した。

えっ？
このサイトのデザインは・・・！？

はい・・・。
正直、このサイトを最初見た時、ダサいって感じたんです。
文章だらけだし、カラーセンスもひと昔前の感じがするし。

でも・・・、うまく言葉に言い表せないんですけど、このサイトから注文しようって思ったんです。

「KAGUJIN」と同じくらいクールな家具を作ってくれるんなら、「デザラボ」で注文する方がよさそうだと感じたんです。

それは、あなたが“安心”を感じたからよ。

ヴェロニカさん！

めぐみと高橋が振り向くと、そこにはヴェロニカとボーンが立っていた。

一週間経ったわ。
無事にデスクを注文できたようね。

・・・まあ　・・・ね。

・・・お前が選んだサイトは？

・・・「デザラボ」というサイトさ。
俺・・・　マツオカのサイトを選べなかった・・・。

なるほどね。

「デザラボ」は正直なところ、ビジュアル的に見栄えがよいサイトとはいえないわ。
文章が長々と掲載されていて、ゴチャゴチャしてる。

それに比べ、「KAGUJIN」のサイトはシンプルでお洒落。

でも、あなたは「デザラボ」のサイトを選んだ。

俺・・・　なんていうか、30万もする買い物だから、失敗したくない・・・　って思ったんだ。

最初は「KAGUJIN」みたいなカッコいいサイトで注文しようと思ったよ。

でもさ、カッコいいサイトであればあるほど、なんとなく不安に感じたんだよ。
お洒落すぎて人の気配がしないっていうかさ、「このお店はこっちの要望を嫌な顔せずに聞いてくれるだろうか？」、そんなことが気になり始めたんだ。

つまり、「KAGUJIN」のサイトには、あなたの心配をカバーする情報がなくて、「デザラボ」のサイトにはその情報があったってわけね。

確かに「KAGUJIN」のサイトには肝心の情報がほとんどなかった。
お洒落な写真はたくさん並んでたんだけど。その写真に関する説明が全然なくて・・・。

そっか・・・！
もしかして、Webサイトに必要な情報って・・・。

・・・「言葉」だ。

・・・！　言葉・・・。

言葉って・・・　文章のことですか？

そうだ、言葉は文章になり、“ストーリー”を紡ぐ。

ストーリーを紡ぐ・・・！？

そう。ストーリー。

私たちが言うストーリーとはエピソードのようなもの。
エピソードには、一度そのエピソードを体験するだけで、聞き手の記憶に残りやすいメリットがある。

そして、その記憶は相手の心を動かすきっかけとなる。

・・・。

だからこそ、その商品やブランドの魅力は“言語化”しなければならない。

言語化・・・！

Webデザインの本質は「言葉」だからな。

Webデザインの本質は・・・　言葉・・・。

そうだったんだ・・・。

そうか・・・俺が「KAGUJIN」ではなく、「デザラボ」で家具を注文したのは、デザラボのサイトの言葉に心を動かされたからだったのか・・・。

Webデザイナーの多くが誤解していること。

それは、ビジュアルの力だけで商品が売れると信じていることね。確かに、商品のジャンルによってはビジュアルの力だけでも売れるケースはあるかもしれない。

でもね、ビジュアルの力だけでは表現できないものもあるのよ。

だからこそ、言葉が必要だ。

言葉・・・。
今まで言葉の力なんて考えたことがなかった・・・。

俺は、言葉をデザインできないWebデザイナーは、Webデザイナーではないと思っている。

・・・!

私はすべてのWebデザイナーを尊敬しているわ。

文章は誰にでも書くことができるけど、Webデザインは誰にでもできるわけじゃない。
デザインができるっていうのは"特別な力"なの。

でも、その"特別な力"の方に頼りすぎると、"言葉"へのこだわりがおろそかになってしまう。

で、でもさ・・・、俺、最初に言ったように、文章を書くのが苦手なんだけど・・・。

「文章を書けない」ってことはないんじゃない？
だって、あなた、さっき、自分がデスクを選んだ理由をしゃべってたじゃない。

しゃ・・ しゃべっていた・・・ って言われても・・・。

あなたがしゃべったことを、そのまま文章にするだけでもいいのよ。文章を苦手と感じる人が多いのは、いきなり“上手な文章”を書こうとするから。

大事なのは“上手さ”じゃないの。相手の心に響く言葉を使えるかどうかなの。

現に、さっきのあなたの発言には、私の心に響く言葉がたくさんちりばめられていたじゃない。

だから、まずは“素直な言葉”で“素直な文章”を書くことを意識するといいわね。

素直な文章・・・。

そう。素直な文章で十分。
誰も“作家になれ”なんて言ってないわ。

な・・・　なるほど・・・。

PCの画面に向かうのではなく、ペンを持って紙に向き合ってみるのもいいわよ。

よし・・・！
あまり難しく考えず、トライしてみるぜ・・・！

あんたたちに言われてわかったぜ・・・。

オーダー家具を注文したことがないWebデザイナーが、良いオーダー家具のサイトを作れないように、言葉を大切にしたことのないWebデザイナーが、売上げの上がるサイトを作れるはずがなかったんだな。

そうよ。
よく理解したわね。

そう考えると、俺の作ったサイトはまるでダメだな・・・。
作り直した方がよさそうだ・・・。
ははは・・・。

高橋くん・・・。

どうやら、お前はWebデザイナーとしてまだ腐っていなかったようだな。

・・・おっさん・・・。

よし。 今すぐ、ありったけの氷を用意しろ。

・・・まさか・・・！

・・・！？

・・・ボーン。
・・・やる気なのね・・・。

氷・・・って、何かを冷やす・・・　つもりですか？
・・・あっ！

“鉄は熱いうちに打て” という言葉がある。

言葉の力を理解したお前たちに、Web ライティングの真髄を教えてやろう。

ボーンのノートPCのCPUが火を噴くか、マツオカのWebサイトが生まれ変わるか。

始まるわよ、ボーンの“Webサイトリフォーム”が・・・！

闇に隠れ、市場を操る、謎の Web マーケッター「ボーン・片桐」。

いよいよ始まる彼のサイトリフォーム。
Web デザインの本質、そして、「言葉」の持つ力に気づいためぐみ、高橋が
見守る中、ボーンの PC がうなりをあげる！
果たして、ボーンの PC の CPU はサイトリフォームに耐えられるのか・・・！？

そんな中、ガイル社は不穏な動きを見せようとしていた・・・！

——次回、沈黙の Web マーケティング

EPISODE 03「Webライティングは二度輝く」

今夜も俺のインデックスが加速する・・・！

広報・吉田の基本解説

Webデザインの本質は“言葉”

広報・吉田

どれだけデザインが素敵なサイトも、商品やサービスのストーリーが伝わらないと、売るための力は弱くなる……。第2話、いかがだったでしょうか？　多くのWeb制作者が陥りがちなWebデザインの罠について語られていましたね。
ここでは、第2話で出てきたWebデザインの「本質」についておさらいし、Webデザイナーの方に求められるスキルを考えてみたいと思います。

オーダー家具「マツオカ」のサイトはなぜダメだったのか？

第2話で紹介されたマツオカのサイトは、黒を基調にしたデザインでした。一見、クールでかっこいいこのサイトに対して、ボーンさんは次のようなダメ出しを行ないます 図1 。

図1　ダメ出しされたサイトデザイン

「お客様が本当にほしい情報が載っていない」。自分が作りたいデザインを作るだけでは、自己満足な“アート”で終わってしまう。まずは、お客様が知りたいと思う情報を発信することが大事なのだ、と。では、お客様が知りたい情報とはどんなものでしょうか？

オーダー家具のサイトで知りたいこと

お客様が知りたい情報とは、お客様の疑問を解決する情報です。たとえば、オーダー家具を購入しようとしているお客様が、お店を選ぶ際に掲げる疑問を以下にリストアップしてみます。ざっと挙げただけでも、これだけの疑問が考えられます。サイトには、これらの疑問の「答え」となる情報を掲載すればよいのです。

オーダー家具のサイトでお客が知りたいこと

- どんなデザインの家具を作ってきたのか？
- どれくらいの実績があるのか？（お客様の声、製作事例）
- どんな素材を使っているのか？（シックハウス症候群などは大丈夫か？）
- 実際に製作された家具を見ることができるか？
- 実際の製作現場を見学できるか？

- 部屋のイメージや、お気に入りの既製品とのデザインテイストを合わせた家具は作ることができるか？　提案してもらえるか？
- 雑誌などを持ち込んで、それに載っている家具のイメージで作れるか？
- 費用はどれくらいか？
- 納期はどれくらいか？
- 対応地域はどこまでか？
- 直接会って相談できるか？　自宅まで訪問してもらえるか？
- 見積、プラン作成の流れはどうなっているか？
- 見積、プラン作成後のキャンセルは可能か？
- 完成品の設置もしてもらえるか？
- 納品後の修理やメンテナンスはあるか？
- 他社と何が違うのか？
- クチコミはどれくらいあるのか？
- 過去、トラブルはなかったか？

コンテンツファーストでデザインを考える

では、それらの情報をどのように掲載すればよいのでしょうか？

ここで重要となるのが、「誰」が「どんな環境」でサイトを閲覧するかを考えることです。たとえば、シニア層のユーザーが多いサイトの場合、文字の大きさやメニューボタンが小さすぎるとユーザビリティを損ねます。シニア層には、お洒落で使いにくいデザインよりも、シンプルでわかりやすいデザインが好まれます。また、閲覧環境でいえば、昨今スマートフォンで閲覧するユーザーは急増しており、アクセスの半分以上がスマートフォンからの流入になっているサイトも多くあります。

そういったことを考えると、次の2つの考え方が大切だとわかります。

- コンテンツファースト
- スマートフォンファースト（モバイルファースト）

これまでのPCサイトは、画像サイズが大きい分、さまざまなデザイン演出が可能でした。ヘッダーや背景、メニューエリアなど、いわゆる、コンテンツとは別に「外側」の部分を作り込むことにより、サイトの華やかさを表現することができました。しかし、スマートフォンでは画像サイズが小さくなり、そういった「外側」のデザインで主張ができなくなったのです。そのため、コンテンツをいかに見やすく・わかりやすく届けるかが重要になっています。

そして、その考え方はとても理に適ったものです。なぜなら、そもそもユーザーは、「外側」のデザインを見たいのではなく、コンテンツを見たいからです。

たとえば、右は一般的なレイアウトを採用したサイトですが、ユーザーが実際に求める情報はコンテンツエリアにある情報です 図2 。ヘッダーやメニューエリアをどれだけお洒落に演出したとしても、肝心のコンテンツが見やすく・読みやすくなければ意味がないのです。

図2 ユーザーの知りたい情報はコンテンツエリアにある。

“美人は3日で飽きる”、という言葉があるように、サイトの外面にばかりこだわっても仕方がないの。
大切なのは「コンテンツ（中身)」ね。

コンテンツは文章と画像のメリットを相互に組み合わせて作る

コンテンツは基本、「文章（言葉)」と「画像」で構成されます。コンテンツを作る際にオススメなのは、まず、文章のみでコンテンツを考えてみることです。文章のみでコンテンツを考えれば、論理構造のしっかりしたコンテンツになり、読み手を説得しやすくなります。ただ、文章は直感的（視覚的）な表現が苦手です。そのため、写真やイラストといった素材も併用し、相手の直感に働きかけるようにします。

たとえば、オーダー家具の完成イメージなどは、文章で一生懸命説明するよりも、実物の写真を見てもらった方が早いでしょう。逆に、そのお店の歴史などは、ただ写真を並べるよりも、ストーリー仕立ての文章で解説した方が、相手の心に響きます。このように、文章のメリット、画像のメリットを相互に組み合わせながらコンテンツを作っていくと、訴求力の高いコンテンツが仕上がります。

形態	メリット
文章（言葉）	論理的に理解しやすい
写真	直感的（視覚的）に理解しやすい
図、イラスト	論理的かつ直感的（視覚的）に理解しやすい

文章と画像、それぞれのわかりやすい表現を考える

同じ文章でも、配置によっては、読みづらくも、読みやすくもなります。どれ

だけ素晴らしい文章も、小さな文字で行間もなく詰め込まれていては、読む気がしません。そのため、文章や画像を配置する際は、以下のことを注意してください。

文章を読みやすくするチェックポイント

- 文字の大きさ、文字の色は適切か？
- 文章の行間は適切か？（読んだときのリズムが悪くなっていないか？）
- 文章の強調は必要ではないか？
（部分的に太字にしたり、大きさや色を変えたりする必要はないか？）
- 文章の表現自体はわかりやすいか？

写真を見やすくするためのチェックポイント

- 写真のサイズは適切か？
- 写真の明るさやコントラストは適切か？
- 写真の構図はわかりやすいか？
（重要な部分を目立たせる、必要に応じてトリミングやぼかしを入れる必要はないか？）

Webサイトの特性を考えてデザインする

続いて、Webという媒体がもつ特性を考えてみます。たとえば、次のような特性があります。

① ユーザーの環境によって見え方が異なる場合がある
② 紙媒体などと違い、公開後に何度もブラッシュアップできる
（ただし、運用体制にもよる）
③ 外部のプログラムなどを導入し、機能を拡張できる
④ 印刷することができる

デザイン時には、これらの特性を「メリット」と考えることをオススメします。

たとえば、①に関しては、スマートフォンだけでなく、PCやタブレットでアクセスするユーザーもいます。そのため、「レスポンシブWebデザイン」などを採用し、それら個別の環境に合わせたデザインが提供できるとよいでしょう。

複数のデザインを用意するにはコストもかかりますが、ユーザーの環境に最適化したデザインを提供できれば、各ユーザーへの訴求力を高めることができます。

また、②に関しては、アクセス解析の情報などを見ながら、デザインをブラッシュアップしていくとよいでしょう。たとえば、メインビジュアルの写真がベス

トかどうかは、ユーザーの反応を見るまではわかりません。反応が悪ければ写真を変える必要がありますが、「ABテスト」などで常にPDCAサイクルを回せるのはWebならではのメリットです。そのため、サイト公開後のブラッシュアップのしやすさを考えてデザインしておくことは重要です。

③に関しては、サイトの拡張性を担保するために、複雑なJavaScriptやCSSなどを導入しないことも選択肢の1つです。単にビジュアルを派手にするだけのような、肝心のコンテンツの中身にプラスにならないJavaScriptやCSSなどは導入しない方がよいでしょう。シンプルな状態のサイトであれば、ページの印刷時にうまく印刷できない、といったトラブルも防ぐことができます。

“そもそも論”で考える癖をつけよう

ここまで、理想的なWebデザインについて論理的に解説してきました。実は、Webデザインにおいて一番大事なことは、この「論理的に考える」ということ、すなわち「ロジカルシンキング」です。Webデザイナーは、何のためにそのデザインを行なうのか？を常に考えなければなりません。

たとえば、サイトをデザインする目的には「サイトからの売上げを伸ばす」、「その会社や商品の知名度を上げる」などがあり、優先すべき要素は何かを考えながら、デザインする必要があります。

そこで取り入れたいのが、“そもそも論”で考えるということです。「そもそも、このコンテンツは読みやすいか？」、「そもそも、この派手なデザインは必要か？」。そういったことを考え、デザインを俯瞰することが大切です 図3 。

図3 「知らないと損をするサーバーの話」では、コンテンツの読みやすさに重きを置き、とてもシンプルなデザインを採用している
https://www.cpi.ad.jp/column/

Webデザイナーは「データ」に詳しくなければいけない

ロジカルシンキングには、その論理につながる「根拠」が必要です。プレゼンなどで、自分のデザインが優れていることを論理的に解説しようとしても、その論理の元となる根拠がなければ、誰も説得できません。

論理の世界において、「なんとなく」は存在しないのです。「すべてのことには理由がある」ということを前提に、根拠を見つけるようにしてください。

では、その根拠はどのようにして見つければよいのでしょうか？ 根拠の見つけ方には次の2種類の方法があります。

① 自分の経験から見つける
② 他者の経験から見つける

①はあなたが過去運営してきたサイトの「アクセス解析」などのデータを根拠として使う方法です。たとえば、ABテストの結果で、「Aの画像の方がBの画像よりもクリックされた」ということがわかれば、AのデザインはBのデザインよりも優れているかもしれない、という根拠が手に入ります。

また、②は、他者の成功事例を根拠として使う方法です。たとえば、他者が自身の成功事例をサイトやセミナーなどのイベントで発表しているのであれば、積極的にその情報を入手して、参考にしましょう。

ただ、あくまでも他者が発表する事例ですから、正直なところ、どこまで信頼できるかわからないという方はいるでしょう。また、自分のサイトとは勝手が違うという方もいると思います。

とはいえ、どちらにしても、情報やデータの引き出しは多いに越したことはありません。可能な限り、積極的に情報収集することをオススメします。

ヒットコンテンツから学ぶ「王道の表現」も根拠になる

ロジカルシンキングには「根拠」が必要とはいえ、すべてのことに根拠を見つけるのは大変です。そこでオススメしたいのが、ヒットコンテンツから「王道の表現」を学ぶということです。

たとえば、ベストセラーとなったマンガや多くの人がアクセスするサイトの表現を参考にしてみましょう。ベストセラーということは、その作品における表現が支持されているということですし、多くの人がアクセスするサイトは「定番サイト」であるともいえ、そこで使われている表現も定番の表現になりえます。意味もなくオリジナリティを出したデザインよりも、定番かつ王道の表現を取り入れたデザインの方が、万人に受けることは言うまでもないでしょう 図4 。

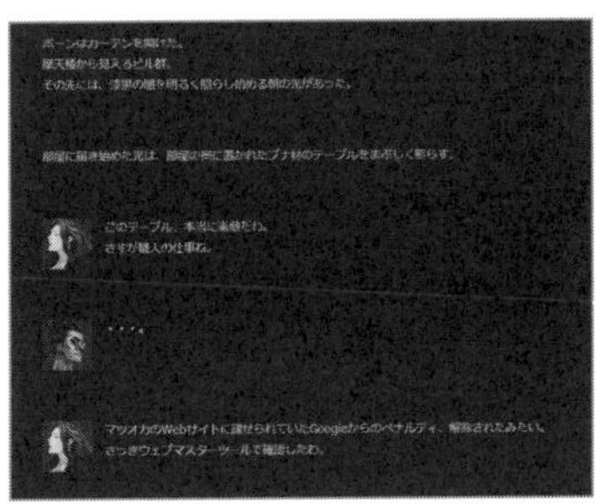

図4 『沈黙の Web マーケティング』では、アイコンと文章を並べることで、「会話調」の表現を採用。マンガのような演出で読み手の心理障壁を下げている

論理的なコンテンツの上に、感情的な演出を加えよう

これまで、論理的なデザインの大切さを説いてきましたが、実は、論理的なデザインだけでは、頭打ちになる場合があります。なぜなら、世界は「論理」と「感情」のバランスで動いているからです。

どれだけ論理的に解説されても、「なんかイヤ」、「なんかダサイ」という感情は止めることができません。商品によっては、デザインの「ワクワク感」や「ときめき感」が決め手になる場合もあります。そのため、論理的なデザインを考えたあとは、その上に感情的な要素を乗せられないかも検討しましょう。

たとえばコンテンツ内の文章やイラスト・写真の見せ方などにワクワク感をプラスできないか考えてみるとよいでしょう 図5 図6 。

図5 「ナースが教える仕事術」は、ゆるくて可愛いイラストを採用し、難しい知識を優しく感じるように演出
http://nurse-riko.net/

図6 「恋の SEO ！～紅白への道」は、インパクトのある写真を採用し、記事を盛り上げている
http://www.web-rider.jp/kouhaku/

吉田守のまとめ！

■ **お客様の疑問や不安を解消する情報をサイトに掲載する**

お客様は何かの商品を買うとき、自分の不安を解消したいために情報を集める。だから、不安解消につながる情報はできるかぎり多く掲載する。

■ **「コンテンツファースト」と「スマートフォンファースト」が大事**

スマートフォンのユーザーは増え続けている。だから、スマートフォンの画面で閲覧しやすいサイトを構成する必要がある。

■ **ユーザーは「外側」のデザインではなく「コンテンツ」を見たい**

外側のデザインに過度にこだわるWebデザイナーがいるが、お客様が求めているのは、そのページに書かれている文章や詳細な商品画像である。

［前回までのあらすじ］

ボーンによるWebライティングが始まった・・・！

「言葉」の大切さを知っためぐみ、高橋の見守る中、
ボーンは一体どんな文章を紡ぎ上げるのか！？
そして、彼が操る史上最速のノートPCは、
その作業に耐えられるのか！？

ボーンのPCが火を噴くか、
マツオカのサイトが生まれ変わるか。
その運命は、彼の両手に委ねられた・・・！

そして、その頃、ガイル社では不穏な動きが
起きようとしていた・・・！

ボーンさん！！！
氷ってこれくらいで大丈夫ですか！？

そんな量じゃダメ！　すぐに溶けてしまうわ！

お、俺・・・！
外まで氷を買いに行ってきます・・・！！！

高橋君っ！！！　お願いっ！！

EPISODE 03

Webライティングは二度輝く

めぐみさん！
ひとまず、ここにある氷で氷袋を作る準備をしておいて！

はい！！

・・・本PCの耐久時間10分。
算出した必要な規定外時間6分。

OK、ボーン。
その6分間、CPUをオーバーヒートさせないための氷がいるってことね・・・！

高橋君！
ありったけの氷を調達して！　お願い！

わ、わかりました！！
とにかく買ってきます！！

頼むわよ・・・！
高橋君・・・！

俺の身体は温まった。　・・・始めるぞ

OK、ボーン・・・！

スタタタタタタタタタタタタタ!!!

説明しよう!

「**ボーンズ IME**」とは ATOK などに見られる文字入力ソフトウェアを、ボーン自らがカスタマイズしたものである。
この IME には、Web 制作で用いられるあらゆる「文字列」が超高速で呼び出されるようになっており、たとえば、

```
<!DOCTYPE html PUBLIC "-//W3C//DTD XHTML 1.0
Transitional//EN""http://www.w3.org/TR/xhtml1/DTD/
xhtml1-transitional.dtd">
<html xmlns="http://www.w3.org/1999/xhtml"
xml:lang="ja" lang="ja">
<head>
<meta http-equiv="Content-Type"
content="text/html; charset=UTF=8" />
```

といったコードも、「どく」と打つだけで入力されるのだ!

文字を打つことの多い人は、よく使う単語を IME に辞書登録しておこう!

スタタタタタタタタタタタタ!!!

は、早い・・・！！
なんてタイピングスピードなの・・・！

ボーンの強靱な肉体と、高速で処理を行なう頭脳が成せる技ね・・・。

スタタタタタタタタタタタタ!!!

今ボーンに近づくと危ないわよ。
彼のタイピングが起こす真空波に巻き込まれると、大切な顔に傷がついちゃうから。

ゴ・・・ゴクッ・・・。

スタタタタタタタタタタタタ!!!

彼のタイピングを見て何か気づかない・・・？

・・・あっ・・・！！！
「BackSpace」キーを押す回数が多い・・・！

そうよ。
彼は文章を書いては消し、書いては消しを繰り返し、文章の**「推敲」**を高速で行なっているの。
自分が書く文章がもっとわかりやすくなるように。

スタタタタタタタタタタタタ!!!

スタタタタタタタタタタタタ!!!

推・・・敲・・・！？

同じテーマを扱うにしても、「わかりやすい文章」「読みやすい文章」を大切にするかどうかで、伝わり方は全然変わってくるわ。

ボーンはね、「もっとわかりやすい表現はないか、もっと読みやすい言葉はないか」を考えながら文章をつくるの。

あ、今、ボーンさんが作成されている文章って・・・。
もしかして・・・！？

そう。
マツオカのWebサイトで使う文章よ。

スタタタタタタタタタタタタ!!!

みるみるうちに文章ができていく・・・！

彼の頭の中にはね、マツオカのテーブルが届いた時の感動体験が浮かんでる。
その時の思いを文章として紡いでいるの。

スタタタタタタタタタタタタ!!!

ボーン・・・　頑張って・・・！

── その頃

そうか、マツオカは SEO サービスの解約を申し出てきたか。

はい、遠藤社長。

フッフッフ・・・。
あいつめ、まさか日本で Web マーケッターとして活動していたとはな。

その部屋にはガイルマーケティング社の井上と、遠藤と呼ばれる男がいた。

遠藤はワイングラスを片手に不気味に笑った。

彼は我々からのメッセージに気づいたはずです。
それでも、あえて、我々に勝負を挑んできた・・・。

フッ、哀れなヤツよ。

マツオカと我が社の契約状況ですが、3年間のリース契約を結んでおりました。
そのため、本来であれば、あと「33ヶ月」の契約期間が残っておりますが、先方都合による解約のため、マツオカには残り33ヶ月分の支払い義務が残っております。

・・・その分は、我が社の不労所得でございます。
ふふふふ・・・。

フッ、そんな収益など、我が社にとってはスズメの涙。
もっと大きな魚が釣れたことに喜ぼうではないか。

ははーっ！

例の準備はできているか？

はっ！　来週にはすべてローンチされる予定でございます。

フッフッフ・・・。
ボーン・片桐。元クロスアナリティクス社のトップマーケッターよ。

アメリカでその地位を失った貴様が日本へ来ていたとは。
クロスアナリティクス社の分子は徹底的に消さねばならん。
我がガイルマーケティングのために・・・！！

・・・フッフッフ・・・　ハーハッハッハッハ！！！

どんどん文章ができ上がっていく・・・！
すごいタイピングスピードです・・・！

フフフ、彼は1秒間で16回のキータッチを行なうわ。
ボーンズIMEをベースに考えれば、スペースキーを含め、1分間に404文字を打つ計算ね。

1分間に404文字・・・！

あの文字数だと、おそらく今、7分が経過したところね・・・！
あと、3分で・・・。

タタタタタタタタタタタタ!!!

ああっ！！
ボ、ボーンさんのPCから煙が出始めました・・・！

スタタタタタタタタタタタタタタ!!!

な、なぜ・・・！？
CPUの限界稼働時間まで、まだ3分あるはずよ・・・！

スタタタタタタタタタタタタタタ!!!

はっ！！！

ど、どうされたんですか？

キータッチ数で時間換算していたのがマズかったわ・・・！
・・・気づけなかった！

ボーンのタイピングスピードが・・・遅くなっていることに・・・！

ええっ！？

ボーン・・・！
「ウェイバックマシーン」を繰り出した時に、中指を負傷していたのね・・・！

ウェイバックマシーン！？
あ、さっきの・・・！

中指を負傷したって、どういうことですか！？

「エンターキー」よ。
エンターキーを勢い良く押した際に負傷したの。

スタタタタタタタタタタタタタ!!!

さっきボーンが使ったキーボードは、めぐみさんのキーボードだったわ。
彼が普段使っている40kgのノートPCとは重さが違う。

彼のエンターキーの衝撃を吸収しきれず、その衝撃をボーンの中指に返してしまったのね・・・。

強い力にはね、強い受け皿が必要なの。

プロのピアニストが“おもちゃの鍵盤”を演奏すると、かえってその指を痛めるように・・・！

そ、そんな・・・！！

・・・おかしいわね。
いつもなら力の加減ができていたはずなんだけど・・・。
一体、どうして・・・！？

ボーンのPCが危ないわ！
すぐに彼のPCを冷やさなきゃ！
今ここにあるすべての氷をビニール袋の中に入れて渡して！！

はっ、はい！！

あああっ！！

・・・袋　・・・やぶけちゃいました・・・。

えっ！？

くっ・・・！

ああっ、ボーンのPCがさらに発熱してる！！
あと少しで・・・！！

・・・爆発する！！

もう、時間がないわ・・・！！！

これを使ってくれっ！！！

バシッ!
高橋君!!!!!
・・・お前の氷、受け取った!

シュオオオウウゥゥ…

あっ・・・！
ね、熱風がおさまっていきます・・・！

ふうっ・・・。ギリギリセーフってとこね・・・。
高橋君、よくやったわ・・・！

い、いやあ、それほどでも・・・。

すぐに換えの氷袋を頼む。

換えの氷袋ね！
高橋君！　ボーンに氷袋をどんどん渡して！

りょ、了解っ！！！

・・・Webライティング、完了。

ほっ・・・。

・・・ぴったり16分。さすがボーンね。

スマートフォンのメールアドレスを教えてくれ。

えっ！？　はっ、はい！　私のアドレスは・・・
megumi-matsu ○ ka@xyzweb.co.jp です。

今からメールを送る。

メール・・・？

あっ・・・！
・・・これは・・・さっきボーンさんが打っていた文章ですか？

そうだ。

なぜ、私のスマホに・・・？

ここからは、お前と高橋の仕事だ。
俺のPCはしばらく起動できない。
お前たちに作業してもらう。

俺とめぐみさんで・・・?

二人とも、まずは、ボーンが書いた文章をスマートフォンで読んでみて。

はっ、はいっ!!

あ、高橋君のスマホへは私から転送するね。

お、お願いします!

── 私もマツオカさんで作ったテーブルを使っています。選び抜かれた天然木の質感はとても温かく、家族全員が気に入っています。
(神奈川県　山岡様)

── マツオカさんのことを、京都府の中山さんから教えていただきました。老舗ならではの職人さんのこだわりに感動しています。
(東京都　神森様)

── 生まれてはじめてオーダー家具を作ろうと思いました。親身に相談にのっていただけて安心しました。
(栃木県　吉田様)

あなたは、マツオカのことを知人の方から聞かれて、このサイトにお越しになったでしょうか？
もしくは、インターネットで検索していてたどり着かれたでしょうか？

はじめまして、オーダー家具の専門店「マツオカ」の Web サイト担当松岡めぐみです。

マツオカはこれまで、リピーターのお客様を大切に、お客様一人ひとりのご希望に沿った家具を製作してきました。
テーブル、デスク、チェア、キッチン台、本棚、リビングボードなど、30 年間、約 2,400 点のオーダー家具を作りつづけてきました。

2,400 点と聞くと、大きな数字と思われるかもしれませんが、30 年で割ると 1 年で 80 点です。12ヶ月で割ると、月に約 7 点の家具を製作してきたことになります。

この数字からおわかりの通り、マツオカは決して大きな製作所ではありません。
スタッフの数は、専属の職人さんを入れても 8 名という小さな会社です。

ですが、どこにも負けない、良質な家具を作りつづけてきたという自信があります。

小さな会社であるマツオカが、30 年の間、家具を作ってこれたのは、マツオカで家具をご注文いただいたお客様が、マツオカの家具を気に入ってくださり、マツオカのことを多くの方にご紹介くださったからでした。

本当に感謝しています。

ここからは、マツオカが考える「オーダー家具を作る際に一番大切なこと」を少しお話させてください。

「オーダー家具」という言葉を聞くと、おそらく、多くの方が「職人さん」という言葉を頭に浮かべるのではないでしょうか？
たしかに、家具の製作において、職人さんの技術はとても大事です。

ただ、マツオカでは、その「技術」よりもっと大切なことがあると考えています。

それは、お客様とコミュニケーションをとる力です。

インターネットの環境が日本中に整ったことで、お互いの顔を見ずとも、インターネット上だけで取引が完結する業態が増えています。
たとえば、家具業界においても、既製品のテーブルやイスが、メール1通で届く時代となりました。

そんな便利な時代ですが、オーダー家具はメール1通で届けるわけにはいきません。
世界にたった1つしかない、お客様だけの家具を作るには、お客様の要望をしっかり聞くためのコミュニケーションが大切だからです。

誠に恐縮ながら、お客様は家具のプロではありません。
自分の頭の中にある家具のイメージを伝えたいと思っても、言葉がなかなか出てこないことが多くあるはずです。

だからこそ、私たちプロが、お客様の思いやイメージを感じ取り、「そうそう、こんな家具が欲しかったんだ」という正解を導き出す必要があると考えています。
そして、そのために必要な力こそが、コミュニケーション力だと思うのです。

マツオカを30年間ずっと支えてくださっているベテラン職人の阿部さんはいつもこう言います。

「質の良い家具を作る"技術"なんて、職人ならもってて当たり前だ。
もっと大事なことは、お客さんから信頼してもらえる職人になれるかどうかなんだよ。

オーダー家具は、その家具を必要としている人のために作る家具だ。
だから、注文してくれたお客さんからの要望をしっかり聞き、お客さんが本当に求めているものを作らなきゃいけないんだ。

たとえば、もし、オーダー家具を注文したことのないお客さんなら、俺たち職人がどんな風に製作を進めるか、その裏側まで知ってもらう。
そうすることで、お客さんはオーダー家具に関する知識が身につき、俺たちに要望も伝えやすくなる。

だから、まずは、お客さんとコミュニケーションをとることが大切なんだ。

もし、お客さんが要望を言いにくい空気を出す職人がいるとしたら、ダメダメだ。
“こだわり”という言葉で誤魔化して、他人の意見を聞こうとしない職人なんて、最悪だ。

俺たちの仕事はお客さんの思いを形にする仕事だ。
だから、お客さんに信頼してもらうことが、何よりも大切なんだよ」

うちの阿部さんは、笑顔でそういうことを私たちに教えてくれます。

一般的な職人さんのイメージというと、どこか気難しくて、頑固なイメージがあるかもしれません。

・本当に自分の欲しい家具を作ってくれるのだろうか？
・途中でデザインの調整をお願いしても大丈夫だろうか？

そういったことを不安に思われる方も多いようです。
その気持ち、私もすごくわかります。

私は、マツオカのつくる家具に憧れ、この業界に入りました。
5年前までは大学の建築科に通っていたため、家具業界歴はまだまだ浅い人間です。

ただ、私は、自分の父がこのマツオカで働いていた姿をずっと見てきました。そういう意味では、家具業界歴は長いかもしれません。

職人さんと二人三脚で、素敵なお客様に囲まれ、笑顔で仕事をしてきた父。
そんな父の姿を見て、私はいつか家具に関わる仕事がしたい、そう思い続けてきました。

そんな私がマツオカの家具を初めて購入したのは、大学3年生の時です。
これまでのアルバイトで貯めた貯金を使って、マツオカで一つのオーダー家具を作ってもらうことにしました。
その家具は、私が一人暮らししている部屋に置く、小さなオークのデスク。

小さなデスクでしたが、私にはこだわりがあった。
天板の裏に至るまでこだわりたかった。材質も「これがいい」と決めてました。

職人さんからしたら、家具に詳しくない私の細かな注文を聞くのは大変だったと思います。
でも、マツオカの職人さんたちは、嫌な顔一つせず、私の要望を笑顔で聞いてくれました。
私の細かなこだわりを聞くだけでなく、「こうした方がいいよ」というアドバイスや、家具の製法や素材の選び方も一つずつ教えてくれました。

そして仕上がったデスクは、私の宝物となりました。
今も私の仕事のデスクとして使っています。

オーダー家具で悩まれる多くの方は、自分に合った製作所探しで悩んでおられます。
中には、ほかの工房で高い予算をかけて作ったテーブルが合わず（お子様のアレルギーの元となる材料が使われていたそうです）、マツオカにて、新しくテーブルを作られた方もおられました。
家具を作るということは、費用だけでなく、あなたの大切な時間を使うということです。
打ち合わせ、製作、すべてに時間がかかります。だからこそ、ご自身に合った製作所に出会っていただきたいと強く思います。

もし、マツオカでの家具製作に興味を持たれましたら、お気軽にご相談ください。
マツオカは、オーダー家具に興味のあるすべての方にとって身近な製作工房でありたいと思っています。

お問い合わせいただく際は、メールでもお電話でも大丈夫です。
また、必要に応じて、出張もさせていただきます。

あなたのそばに素敵な家具がある人生を願って。

この文章・・・　なんだか・・・　すごく心に響きます・・・。

これが・・・　言葉の力・・・。

あ、で、でも、職人さんの言葉なんて、今のサイトに書かれていなかったのに・・・！

ボーンはね、マツオカの職人さんから実際に話を聞いたのよ。

えっ・・・！？　い、いつ・・・！？

高橋君が家具を検討していた1週間の間にね。

し、知りませんでした・・・。

・・・ストーリーはいつも現場に眠っている。

・・・！！

職人さんのところには、お礼の手紙がよく届くそうね。

マツオカの家具は納品される際、納品書に「職人さんの名前」が書かれてる。

家具を気に入った方が、職人さんに感謝の気持ちを伝えるために手紙を送っていると聞いたわ。

は、はい、うちの職人さんに時々お手紙が届いていたことは知ってました・・・。

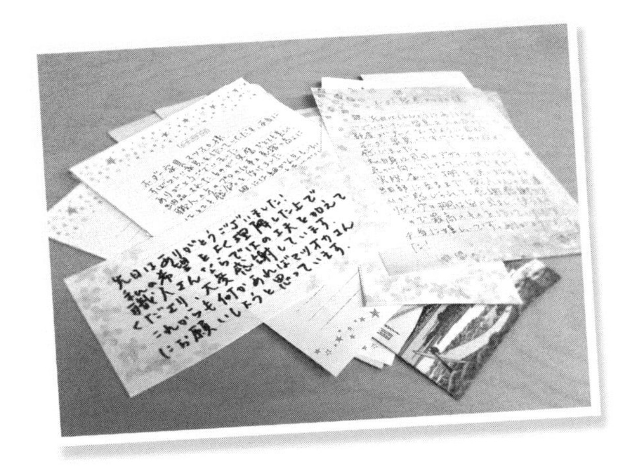

手紙の内容は読んでる？

あ、最近はあまり・・・。

Web 担当者失格だな。

えっ、あっ・・・。す・・・　すいません・・・
そうですよね・・・。
うちの家具の評価を知る機会なのに・・・。

以前は、職人さんに届いたお手紙はすべて見させてもらっていたんですが、職人さんへのお手紙なのに、私が「毎回見せてください」って言うのはなんだか気が引けて・・・。

そんなこと遠慮する必要ないわよ。

えっ・・・？

だって、職人さんは手紙を見てもらいたがってるわよ。
お客様からうれしい手紙をもらったら、ほかの人に自慢したくなるでしょ？

自分がよい仕事をしたってことを認めてほしいのが人間よ。

・・・！！

お客様から褒められるのは勿論うれしいけど、それ以上にうれしいのは、一緒に働く仲間から褒めてもらえることだったりするの。

まあ、そういう本音を表に出せる人は少ないけどね。

ずっと一緒に仕事を続けていると、お互いを褒める機会はどうしても減っていく。

でも、誰かにうれしいことがあった時には、やっぱりスタッフみんなでその喜びを共有した方がいいの。

・・・私・・・Web集客の方にばかり意識がいってました・・・。
大事なことは、外より「中」にあったんですね・・・。
私、社長代理失格だな・・・。

・・・いやいや・・・！
めぐみさんはいつも頑張ってくれてますよ！
俺、感謝してますから！！

そう、めぐみさん、落ち込むことはないわ。
これから気をつけていけばいいじゃない。

お父様が倒れられて、Web集客も早急に改善しなくちゃいけない、そんな状況だったら余裕がなくなるのは当然よ。

でも、そういう時だからこそ、大切なものを見逃さないようにしなくちゃね。

・・・はい・・・！

そう・・・めぐみさんが悪いんじゃない、俺ももっと職人さんと話すべきだったんだ。
現場の声を知らずに、デザインなんてできるわけないもんな。

・・・おっさんが書いたさっきの文章を読んで・・・そう思ったよ。

高橋君・・・。

あ、あの・・・、さっきボーンさんから送っていただいた文章、すごく心に響きました。
あれがストーリーの力なんですね・・・！

私がこんなことを言うのも変なんですが、**「マツオカの職人さんに家具を作ってもらいたい」**という気持ちになりました・・・。

た、確かに・・・。
普段あんまり文章を読まない俺でも、つい読んじまった・・・。
何だったんだろ、あの文章・・・。

「セールスレター」だ。

セールス・・・。

レター・・・!?

そう、セールスレター。
直訳すると「売るための手紙」。

**セールスレター！　き、聞いたことがある！
確か・・・、なんだか怪しいセミナーで、その言葉が使われていた・・・。**

え・・・。

怪しいセミナー!?
高橋君、そんなセミナーへ行ってたの？

**い、いえいえいえいえ！　YouTube動画ですよ！
最近、YouTubeで怪しげなネットビジネス系セミナーの動画がたくさん上がってるんです。**

ちょ、ちょっと・・・。

ほら！　めぐみさん！　この動画を観てください！！

な、何これ・・・!?
「主婦でも分速で30万稼げる」とか・・・・。

怪しいですよね。
そうそう、この動画の途中に、セールスレターって言葉が出てくるんですよ。

この人たち曰く、セールスレターをしっかり書けば、商品が飛ぶように売れて、その世界では**「レターの魔術師」**と呼ばれる人たちもいるそうです！

ま、魔術師・・・！？

ゴ、ゴホン。

はっ！　す、すいません。

何から説明すればいいかしら・・・。
・・・まず、セールスレターという言葉は全然怪しくないということを知っておいて。

セールスレターはね、元々、**「DRM（ダイレクトレスポンスマーケティング）」**の世界で使われていた言葉なの。

ダイレクト・・・。レスポンスマーケティング・・・？

そう、ダイレクトレスポンスマーケティング。

DRM（ダイレクトレスポンスマーケティング）というのは、その商品に興味のある「見込み客」や「購入者」に個人的なプロモーションを介して商品を販促することよ。

説明しよう！

ダイレクトレスポンスマーケティングとは、1961年にレスター・ワンダーマンが、科学的な広告原理に基づき提唱した**マーケティング手法**である。
テレビCMなどの、不特定多数を相手にしたマスマーケティングとは違い、広告に対して何らかの反応をした見込み客へセールスを行なっていく。
従来の広告の目的である「製品やサービスを直接販売すること」よりも、「顧客の反応（レスポンス）を獲得すること」をメインにしている。
通信販売会社やネットショップの中には、この手法を用いることで、多大な成果を挙げているケースが多い。

簡単にいえば、不特定多数の人にターゲットを絞るのではなく、商品に興味のありそうなお客様一人ひとりにターゲットを絞って、マーケティングを行なうという手法ね。

今回のWebサイトリニューアルの目的はね。
そのダイレクトレスポンスマーケティングの“エッセンス”をサイトに入れるところにあるの。

エッセンス・・・！？

そこで使うのがセールスレターだ。

・・・！？

セールスレターはね、ダイレクトレスポンスマーケティングでよく使われる手法なの。

画面の前にいる一人のお客様に対して、手紙を送るような感覚で文章を書き、お客様の心を動かし、購入へつなげる。

商品説明文をただ掲載するだけでなく、ストーリーなどをうまく交えることで、思わず読みたくなる文章に仕上げる手法よ。

・・・！
たしかに、さっきのボーンのおっさんの文章は最後まで読んでしまった・・・！

ふふふ。

あ、でも・・・。

何かしら？

さっきの文章、すごく心に響いたんだけど・・・。
なんだろ・・・。文章だけじゃダメな気がする・・・。

・・・。

・・・オーダー家具みたいな高い商品を買う人って、やっぱり実際の写真とかをもっと見たいだろうなあ・・・って。

天板の裏面はどうなってるかとか、細かな仕上げはどうなっているかとか、言葉ではわからない、実物の情報もほしいのかな・・・って思ったり・・・。

正解だ。

・・・えっ！？

セールスレターは言葉だけで完結するものではない。
言葉やストーリーの力で“夢”を見せ、写真や動画で“リアル感”を伝えてこそ、成立するのだ。

リアル感・・・！？

言葉の強みは、頭の中でイメージを膨らませることができる点だ。
たとえば、小説などの文章を読んでいるとき、頭の中は、その小説の世界を自然にイメージ化しようとする。

たしかに・・・。
文字だけの情報なのに、いつの間にか頭の中にイメージが広がっているってことはよくある・・・！

よいセールスレターは、言葉の力を用いて、お客様の頭の中に「商品を購入した後のワクワクする未来」をイメージさせる。
ストーリーをうまく使って、お客様のワクワク感を高め、やがて、その商品を自然と購入したくなる心理にさせる。

しかし、“ワクワク”と同時に生まれる感情もある。
それは、“不安感”だ。

不安感・・・！

そう。不安感はワクワクと対極にある心理。
「このサイトは大丈夫だろうか？」「変な商品が届かないだろうか？」といった、現実を振り返った時に生まれる不安。

これらの不安は言葉だけでは払拭できないわ。
不安を払拭するためには、リアルで視覚的な情報が必要になるの。

そこでオススメしたいのが、写真や動画の活用よ。

写真や動画の活用・・・！？

Webサイトは、人間の五感のうち、「視覚」「聴覚」しか表現できない。

家具の場合、視覚だけでなく「触覚」も重要になるが、Webサイトではそれは表現できない。

だから、その足りない触覚を補う意味で、リアルで視覚的な情報に力を入れるのだ。

リアルで視覚的な情報・・・。

なるほど・・・！
だから俺のデザインはダメだったのか・・・！
俺のデザインはアート性を意識しすぎて、リアルで視覚的な情報が少なかった・・・。

そう、それがアートの限界。

Webサイトをお洒落に演出することで、お客様をワクワクさせることはできても、不安感を拭い去ることはできないの。

そうか・・・！
方向性が見えてきた・・・！
リアル感を伝えるために、もっと写真を掲載すればいいんだな！

そうね。ただ、注意すべきは、バランスよ。

リアル感が重要だからといって、お客様を夢から現実に引き戻すような写真を掲載してはいけない。

たとえば、無造作に積み上げられた段ボールや、ヨレヨレのシャツを着たスタッフが写真に写っていたら、ワクワク感は一気に冷めるわよね。
たとえリアルな写真であっても、“美しさ”は意識しないといけない。

あくまでも、Webサイトは「ショーウインドー」であることを意識しろ。

ショーウインドー・・・！

そろそろ、Webサイトに掲載すべき情報がまとまってきたようだな。

ヴェロニカ、ここまでのノウハウを簡単にまとめて、もう一度、二人に教えてやってくれ。

OK、ボーン。

高橋君、めぐみさん、これから私が話すことをメモしておいて。

ボーンのセールスレターに込められた"狙い"をしっかり理解できれば、今後のWebマーケティングにおいて参考になるノウハウがたくさん身につくはずよ。

そして、高橋君の新デザインの方向性も決まるはず。

はいっ・・・！！

セールスレターを書くときは次の7つの点を意識するといいわ。

ボーン流セールスレターのノウハウ　7箇条

1 お客様の代名詞は、「皆さん」ではなく、「あなた」で書く

2「ストーリー」を使って、お客様の感情を動かす

3「写真」や「動画」を使い、ストーリーに足りない“リアル感”をプラスする

4 弱みや失敗談などの「ネガティブな情報」を入れ、“リアル感”と“信頼性”をプラスする

5「お客様の声」や「販売実績」「受賞実績」などの情報を足し、“客観的な信頼性”をプラスする

6 お金の節約より「時間」の節約について訴求するなど、新たな軸でお客様に気づきを与える

7 ページ移動などでお客様のテンションを冷まさないよう、セールスレターはできるだけ「1ページ」にまとめ、ページの最後の文章まで気を抜かない

なるほど・・・！
「皆さん」ではなく「あなた」という代名詞を使って文章を書くわけか・・！

そういえば、さっきのボーンさんの文章も「あなた」という代名詞で書かれていた。

セールスレターは売るための「手紙」だから、不特定多数の人に向けて書くよりも、特定の誰かに向けて書く方がいいの。

なるほど・・・！

弱みや失敗談などの「ネガティブな情報」を入れるってのも、目から鱗だった。
たしかに、いいことばかり書かれていても、逆に怪しく感じてしまうもんなあ。

そうだ。
弱みや失敗談などはそのまま書けばネガティブな情報としてしか映らないが、ストーリーの中で書けば、ストーリーを盛り上げるひとつの要素になる。

なるほど・・・！！

そして、**“客観的な信頼性”**をプラスすることも重要よ。

客観的な信頼性・・・！？

ストーリーはしばしば主観的な情報になりがち。
どれだけ素晴らしいストーリーも、「このストーリーは本当だろうか・・・？」と思われてしまうと元も子もないわ。

だから、その信頼性を証明する情報が必要なの。
そこで、**「お客様の声」**や**「販売実績」**などの情報を入れる。

たしかに、買い手の立場になると、「お客様の声」が掲載されている方が安心する・・・！

さっきのボーンさんのセールスレターの最初にも「お客様の声」が書かれていました・・・！

そう。
お客様の声の見せ方にはいろいろな方法があるけれど、ボーンは「お客様の声」をキャッチコピー的に使って、これから読まれるセールスレターの信頼性を担保したわけね。

そういう理由だったのか・・・！

よし、セールスレターのノウハウを概ね理解したようだな。

お前たちがこれから行なうことは、俺のセールスレターをページとして仕上げることだ。
俺のセールスレターは、まだ、リアル感と客観的な信頼性が弱い。

リアル感と客観的な信頼性・・・！

それらを補うためコンテンツは何かしら？

「家具の詳細な写真」と「お客様の声」！

そうだ。

家具の詳細な写真とお客様の声・・・。
一応、今のマツオカのWebサイトにも掲載されていたけど、「安心感を与える」という意味では、もっとたくさん掲載しておいた方がよさそうだわ。

あ、家具の写真は、製作事例だけでなく、製作する過程のもほしいですね・・・！
できれば、職人さんの写真なんかも・・・！

それは素敵！

あとはお客様の声ね。
これは、職人さんへ届いた手書きの手紙を文字起こしするとよさそう！

その手紙は、文字起こしするだけでなく、写真に撮って掲載しておくといいわよ。

そうすれば、お客様の声にもリアル感を担保できる。
手書きの手紙の写真は、そのお客様の声がウソではないことを証明し、サイトの信頼性を飛躍的に高めてくれる。

わかりました！
私、職人さんに聞いて、手紙を集めてみます！

よろしくね。

さて・・・と、さっきのボーンのセールスレターに写真などを配置していったら、結構、縦に長いページになりそうね。

・・・あ、あの・・・。
実は俺、縦に長いページって、全然受けつけないんです。
ダサく見えてしまって・・・。　・・・でも・・・。

・・・でも？

ただカッコいいだけのサイトと、売れるサイトは違うんだって思いました。

だって、俺、結局、「デザラボ」のサイトから買っちゃいましたから。

あのサイトには、ほかのサイトにはない情報量・・・　そして、安心感があった。

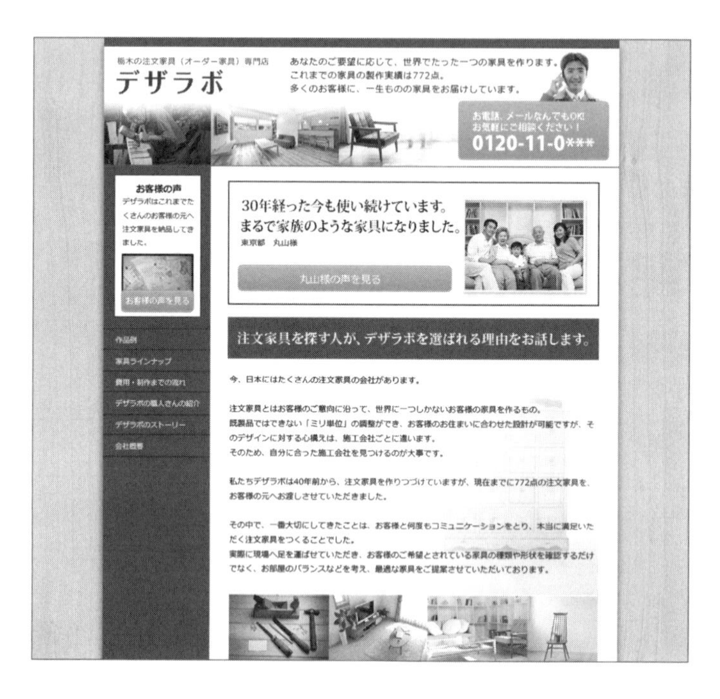

そうだ。

今回のサイトの目的は「商品を売ること」。
ダサくても、そのページから売れるのであれば、それが正義だ。

・・・！

・・・とはいえ、俺もダサいページはゴメンだ。

センスのよいセールスページを作って、お前のデザイン脳に染みついたその偏見を取り払ってみろ。

へっ？

センスのよいセールスページには、ロジカルでエモーショナルな美しさがある。

・・・ロジカルでエモーショナル・・・！

文章をただ流し込むだけでも、いろいろなデザインセンスが必要よ。たとえば、読みやすくするために行間を調整したり、強調を加えたり。

素材をいかにうまく調理・演出できるかも、デザイナーのセンスの見せどころなの。

素材の調理と演出・・・！

マツオカのWebデザイナーとして、オーダー家具業界一のセールスページを作ってみろ。

・・・ぉ　・・・おう！！！

お前は、マツオカの救世主だ。
お前が氷をかき集めてこなかったら、俺のPCは炎上し、今頃、
マツオカの店舗は灰になっていただろう。

・・・！

そ、そうよ！！
高橋君のおかげで、この店舗は灰にならなくて済んだんだから！

高橋君の氷集めのセンスは素晴らしいわ。

へっ、デザイナーたるもの、いつも冷静でいろって言うしな。
冷静な俺にとって、氷を集めることくらい、朝飯前さ。

高橋君・・・！！

あとはお前たちに任せる。
3週間でサイトを仕上げてアップしておけ。
俺たちはそのさらに1週間後に来る。

二人ともよろしくね。
マツオカの運命は二人にかかってるわ。

はいっ・・・！！

高橋君っ！
私、職人さんの力を借りて、お客様の声をできるだけ集めてくる・・・！！

めぐみさん、お願いします！！

そうして、めぐみ＆高橋によるサイトリニューアルが始まった・・・！

●

●

●

── サイトのリニューアルから1週間後

・・・これが、マツオカの新しいサイトね。

追試は与えずに済みそうだな。

ボーンさん！！
サイトからのお問い合わせの数が以前の２倍になりました！！
すごいです！！　本当にありがとうございます！！

あんた・・・　本物のWebマーケッターだったんだな。
悪かったよ、いろいろ文句を言ったりして。

**・・・マツオカのサイトを蘇らせたのは、お前たち二人の力だ。
胸を張れ。**

ボーンさん・・・！

おっさん・・・・！

・・・ボーン、これを見て。

！！

ん？
おっさん、どうしたんだ？

えっ？　PCの画面がどうされたんですか？
こっ・・・　これは・・・！！！？

えっ、えええええええ！！！？
なんだよ・・・　これ・・・！！

検索結果の上位が「比較サイト」で埋まってる・・・！
ついに仕掛けてきたわね・・・。
ガイルマーケティング。

えっ、な、何、こいつら。
これも、これも・・・、このサイトもだ・・・！！！
比較サイトなのに、うちのことをまったく取り上げてないじゃないか！

こんな・・・！　こんなことってあるんですか・・・！！？

・・・これからが本当の闘いだ・・・・！

サイトリニューアルに成功したマツオカのサイトを襲う、
ガイルマーケティングの新たな罠！

果たして、ボーンは、襲い来る数多の「比較サイト」とどう闘うのか・・・！？

――次回、沈黙のWebマーケティング
面ではなく点で突破せよ！
EPISODE 04「逆襲のSWOT分析」

今夜も俺のインデックスが加速する・・・！

広報・吉田の基本解説

セールスレターで気持ちに訴えかける！

広報・吉田

第3話では、Webライティングのノウハウを中心に、Webマーケティングの本質に関わる話が出てきました。
Webサイトにはお客様が必要とする情報をできるだけ多く掲載する必要があります。ただし、情報は伝えるだけではダメで、相手に理解・納得してもらわなければなりません。そのために大切となるのが「情報の伝え方」。そこで、ボーンさんが提案したのが「セールスレター」という伝達手法でした。

セールスレターとは？

セールスレターとは、直訳すると、「商品を売るための手紙」のこと。画面の向こうにいる、ひとりのお客様に向かって、手紙を書く感覚でメッセージを送る手法のことです。手紙をイメージすることで、情報を「見せる」という意識から、「届ける」という意識にシフトして、文章を書けるようになります。

手紙というものは、通常、不特定多数に送るものではありません。あらかじめ決められた「誰か」に向けて送るものです。そのため、セールスレターを書く際には、お客様の代名詞を「皆さん」ではなく、「あなた」と書くようにします。そうすることで、この情報は不特定多数の誰かに向けたものではなく、今、画面の向こうにいるあなたへ向けた情報なのですよ、ということが伝わるようになります。その結果、お客様は、サイトに書かれた情報を、「自分事」と感じるようになるのです。

図1 バナー画像作成ソフト「バナープラス」のセールスレター

この考え方は、「ダイレクトレスポンスマーケティング」の世界で生まれたものでした。現在、多くの企業のランディングページで、セールスレターを使ったページを見かけるようになっています 図1 。

人は論理で納得し、"感情"で動く

手紙は相手のことを考えながら書く文章です。そのため、その文章にはさまざまな感情が込められます。喜び、怒り、哀しみ、楽しさ、喜怒哀楽の表現を乗せることができます。

実は、セールスレターが優れている理由は、その点です。感情を文章に乗せることで、相手の心を動かし、購入などの行動へつなげることができるのです。人間は論理で納得し、感情で動く生き物だといわれます。そのため、どういう文章を書けば相手の心に響くのか？を考えるようにしましょう。

そこでオススメしたいのが、文章に「ストーリー」を加えることです。開発秘話などをストーリーとして書き、商品開発の過程を論理的に解説しながら、作り手や売り手の思いといった感情を乗せるのです。人はストーリーを好みます。小説や漫画も映画も、すべてストーリーからできています。ストーリーを加えれば、どんな売り込みの文章も、セールス要素が薄まり、読んでもらえるようになります。たとえば、第3話でボーンさんがマツオカのために書いたセールスレターも、まさにストーリーを意識したものでした。

> この数字からおわかりの通り、マツオカは決して大きな製作所ではありません。スタッフの数は、専属の職人さんを入れても8名という小さな会社です。
>
> ですが、どこにも負けない、良質な家具を作りつづけてきたという自信があります。
>
> 小さな会社であるマツオカが、30年の間、家具を作ってこれたのは、マツオカで家具をご注文いただいたお客様が、マツオカの家具を気に入ってくださり、マツオカのことを多くの方にご紹介してくださったからでした。
>
> 本当に感謝しています。
>
> 第3話 130ページより

この文章の特長は、「マツオカは小さな会社であるけれど…」という形で、自社の欠点を告白していることです。自社の欠点を明らかにすることで、それが飾られたストーリーではなく、生のストーリーであることが伝わります。それは結果的に、お客様からの共感を得ることにもなるのです。

ストーリーをクチコミしてもらうことを意識しよう

誰かが何かの商品に関してクチコミする際、そこには必ず言葉が存在します。たとえば、「あのホテルのベッドは寝心地がよかった」、「あのお店の料理は美味しかった」などといったように、お客様の感想は、言語化されてはじめて、第三者に伝わっていくのです。
　ただし、詳細に言語化するという行為は簡単ではありません。また、商品のスペックなどの詳細な情報は、一部の熱烈な愛好家を除き、記憶に残りにくいものです。そのため、多くのクチコミは「美味しかった」、「気持ちよかった」といった、漠然とした言葉になりがちで、そういったクチコミは、いざクチコミが広まった際、競合他社との比較ポイントがよくわからないまま伝わるようになります。
　そこでオススメしたいのが、クチコミされることを見越した上での、ストーリーの作成です。ストーリーは、思い出や出来事に関する記憶である「エピソード記憶」につながり、長期的に記憶に残りやすいメリットがあります。
　たとえば、NHKの「プロフェッショナル 仕事の流儀」などの番組を観たあとで、登場人物の名前などは覚えていないけれど、ストーリーはなんとなく覚えているケースは多いのではないでしょうか。これは「エピソード記憶」によるもので、クチコミで商品を広める際にも、ストーリーは効果的に働くのです。

人は「客観的な情報」で信頼性を見極める

　セールスレターにはストーリーが重要とはいえ、ストーリーはしばしば主観的な情報になりがちです。読む人によっては「このストーリーは本当だろうか？」と疑いの心を抱くこともあります。
　そこで、必要となるのが、ストーリーを客観的に証明するための「お客様の声」です。お客様の声が入ることによって客観的な信頼性が加わります。お客様の声を入れる際は、たとえば、以下のような見せ方を意識してもよいでしょう。

① お客様の声をたくさん掲載する

お客様の声が多ければ多いほど、その商品やサイトの信頼性は増します。ただし、ページが長くなりすぎると閲覧に支障が出る可能性があるため、一部のお客様の声を抜粋して掲載し、残りは別のページで見せることも考えましょう。

② お客様の声に手紙などの「写真」を掲載し、“リアル感”をプラスする

お客様から実際に届いた手紙や、お客様の写真を掲載することで、信頼感は増します。

③ お客様一人ひとりに、できるだけ具体的に感想を書いてもらう

お客様にその商品を買った理由や、あなたのサイトを選んだ理由を、できるだけ具体的に書いてもらうことで信頼性は増します。また、もしクレームがあったとしても、そのクレームを正直に掲載することで、信頼を得ることができます。ただし、クレームを掲載する際は、そのクレームに対して、今後どのように改善対応をしていくかを「スタッフからの声」として書いておきましょう。

写真や動画を使って“リアル感”を演出しよう

これまで、文章（言葉）について取り上げてきましたが、文章は情報を論理的に理解してもらいやすい反面、直観的(視覚的）に理解してもらうことには向きません。

たとえば、京都の紅葉の美しさを言葉で伝えようとしても、限界があります。しかし、1枚の紅葉の写真を見せるだけで、その美しさはすぐに伝わります。そのため、伝えたい情報によっては、文章ではなく、写真や動画を使った方がよいケースも多いのです。

特に、商品の実際の様子や、開発現場の風景といった、“リアル感”が必要となる情報に関しては、写真や動画を使って伝える方がよいのです。

“リアル感”を意識しすぎると逆効果になる場合も

サイトを見ているお客様の頭の中には、「その商品を購入したら、どうなるのかな」というワクワク感と、「その商品を購入したら、失敗しないだろうか……」という不安が広がっています。この後者の不安を拭い去るためには、お客様にできるだけ多くの情報を与えることです。

たとえば、「実際にはこういう商品が届く」、「こういう人たちが販売している」といった情報は重要です。その際、よりリアルな情報を伝えれば伝えるほど、お客様の不安は払拭できるかもしれません。

ただ、注意しなければならないのが、リアル感を過度に出しすぎないということです。サイトは、商品を販売するショーウィンドーと同じ。詳細な商品情報を伝えるのはよいのですが、素敵な未来を想像しているお客様のワクワク感を奪ってしまってはいけません。

たとえば、以下のような写真や動画は掲載しないほうがよいでしょう。

① **商品が素敵に見えない写真**

不必要に拡大された写真、メンテナンスされていない商品の写真など（例：ホコリのかぶった家具の写真や、美味しそうに見えない料理写真）

② **お店や会社が素敵に見えない写真**

荷物が無造作に積み重ねられた倉庫の写真や、散らかったスタッフのデスクの写真など

③ **スタッフが素敵に見えない写真**

元気のない顔をしているスタッフの写真や、シャツの襟が曲がっているなど、だらしない服装をしているスタッフの写真など

最近のスマートフォンはカメラ機能やアプリが充実しているため、アマチュアでもよい感じの写真を撮影できますが、予算に余裕があれば、プロのカメラマンに撮影を依頼するとよいでしょう。撮影時のライティングや、アングル決めのテクニックだけでなく、被写体の素敵な笑顔の引き出し方など、プロのカメラマンならではのノウハウはたくさんあります。

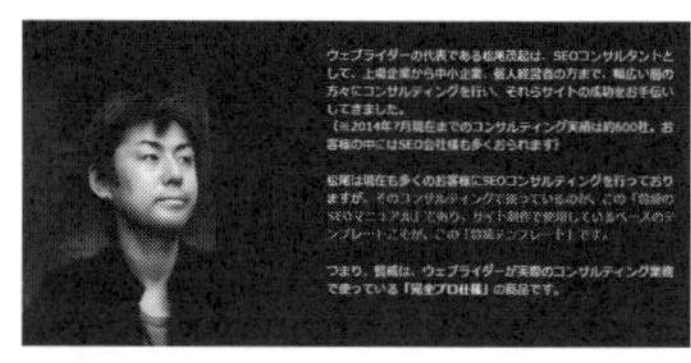

図2 販売者のプロフィール写真は非常に重要です。この写真の場合、商品の誠実さを表現するため、販売者の表情やアングルも誠実さを意識したものになっています

商品写真やプロフィール写真など、多くの場面で使い回すことになる写真に関しては、撮影に投資をして、よい写真を用意しておくことをオススメします 図2 。

セールスレターの構成パターン

それでは次に、セールスレターを書く際のポイントを紹介します。セールスレターは以下の3つの構成に分けて考えます。

① ヘッドコピー

ヘッドコピーは、「ファーストビュー（ページを開いて最初に目に入る部分）」にあたるエリアです。よく、Webページはファーストビューが重要だといわれますが、ファーストビューで商品のすべての魅力を伝えることはできません。あくまでも、本文を読んでもらうための「つかみ」となる情報だと考えましょう。

ヘッドコピーで重要となるのが、本文を続けて読みたくなるような訴求力の高いキャッチコピーやビジュアル（画像）です。

② ボディコピー

ボディコピーとは、本文にあたるエリアです。クロージング（商品の購入や申し込み）へ向けて、お客様のワクワク感を高め、不安を取り除く役割があります。単なる商品情報だけでなく、ワクワクさせるためのストーリー、不安を取り除くための客観的情報（お客様の声、権威のある人からの紹介文、入賞実績など）を用意します。

③ クロージングコピー

クロージングコピーとは、商品の購入や申し込みへ誘導するエリアです。ボディコピーを読んでワクワク感が高まったお客様の背中を押し、実際の行動に移ってもらうための情報（価格、保証やサポート、特典、購入方法や返品などのキャンセルポリシーについて、よくある質問、追伸など）を配置します。

最後に、なぜ「追伸」を掲載するとよいのか？

いくつかのサイトのセールスレターを見ていると、ページの最後に「追伸」という形で文章が掲載されているケースを見かけます。これは、ページを閲覧するユーザーの行動を見越した上での演出です。

実は、ユーザーの中には、長いページを見たときに、下まで一気にスクロールしてページの「結論」を見ようとする人がいます。そのため、「追伸」という形で、ページの最下部に、ページ全体の「まとめ」となる文章を用意しておくことが効果的なのです。

文章を読みやすくするために、強調にルールを決める

どんなセールスレターも読んでもらわれなければ意味がありません。そのため、文章の読みやすさには常に注意しましょう。

文章の読みやすさは、「言葉の選び方」、「強調」、「行間」の3要素で決まります。この中で、特に注意すべきなのが、「強調」です。強調には、文字の大きさや色を変える方法がありますが、強調のルールを決めておかないと、ただ見た目が派手なだけの非常に読みづらい文章になってしまいます。そのため、文章に強調を用いる場合には、以下のことに気をつけましょう。

① 色分けのルールを決める

赤や青など、それぞれの色に「否定」や「肯定」といったルールを設けておくことで、色の強調を見るだけで、その文章がどういう意図で書かれたものかが伝わりやすくなります。

② 強調箇所だけ読めば、大体の内容がわかるようにする

長文になればなるほど、文章の一字一句が丁寧に読まれることが少なくなります。そのため、本当に伝えたい情報のみを強調し、その箇所を読むだけで、ページの大体の内容がわかるようにします。

③ 強調箇所を増やしすぎない

強調箇所が多すぎると、どこが重要かがわかりにくくなり、文章も読みづらくなるため、強調を増やさないよう注意します。

文字色を使った強調は「信号機」をイメージするとよい

文字色を変えて強調する際は、「信号機」をイメージしたルールを設定するとよいでしょう。赤は止まれ、黄色は注意、青は進め。これに合わせてルールを決めます。

ただし、青に関しては、ブラウザの初期設定のリンク色ですので、青系の強調を行なう場合は、紺色か濃い水色にすることをオススメします。

色	使用箇所
赤色	否定的な強調
紺色、濃い水色	肯定的な強調
緑色	用語の強調や、例示の強調
オレンジ	単純な強調

文章は1ブロック100文字未満で完結させる

句点(。)で終わる文章を1ブロックだと考えた場合、文章は1ブロック100文字未満で完結させると読みやすくなります。

また、読点(、)は多用しすぎないようにしましょう。読点は文章をつなげる際に便利なので、しばしば多用しがちですが、文章が不必要に長くなる原因にもなります。注意してください。

吉田守のまとめ!

■ **セールスのための文章は「人対人」を意識する**

セールスのための文章は"人対人"を意識する。画面の向こうにいるひとりのお客様に向かって、「あなた」という主語を使って、手紙を書く感覚で文章を書くとよい。

■ **ストーリー要素も含めてみる**

ストーリーを意識した文章は、「エピソード記憶」につながり、長期的に記憶に残りやすいメリットがある。商品のスペック情報だけを書くのではなく、その商品の開発秘話などのストーリーを添えるとよい。

■ **お客様の声は、具体的なものをたくさん掲載する方がよい**

あなたがどれだけよい文章を書いたとしても、それらはあくまでも主観的な情報であり、ユーザーは客観的な情報を得ないと安心しない。そこで使いたいのが「お客様の声」。お客様の声は客観的な情報となり、ユーザーに信頼感を与える。

［**前回までのあらすじ**］

「言葉」の力により、サイトリニューアルを
完了させたボーンたち。

生まれ変わったサイトは、驚異的な売上げを記録し、
マツオカの経営状態は改善するかのように見えた。

しかし、売上げが向上したのも束の間、突如、
大量の「比較サイト」が現れる。

都内のオーダー家具店に関する情報を集めたそれら比較サイト
のすべてに、マツオカの名前はなかった・・・！

家具の市場をも操り、暗躍するガイルマーケティング社を前に、
ボーンたちはいかにして立ち向かうのか・・・！？

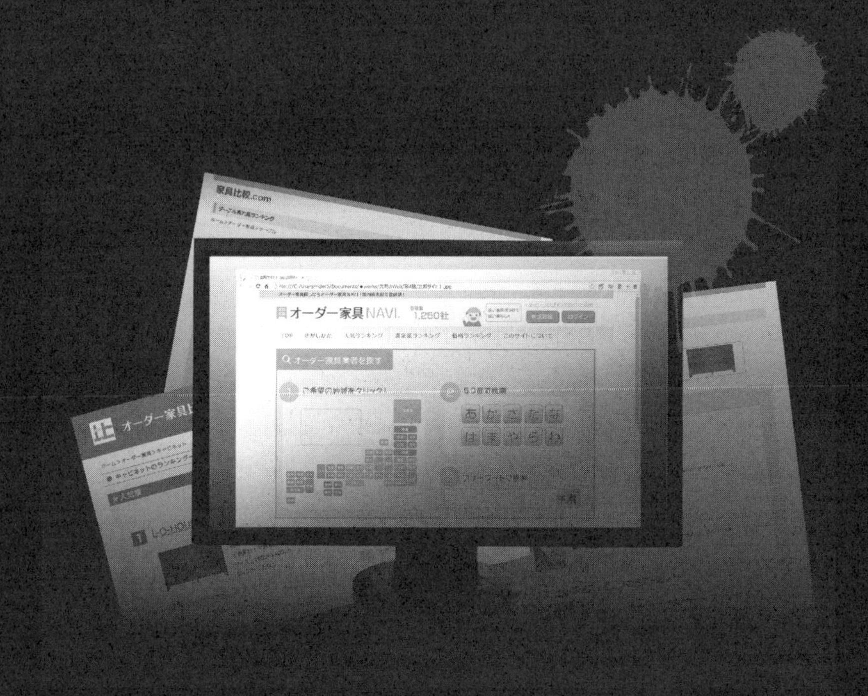

な、なんだこの比較サイト・・・！？
こんなサイト今までなかった・・・！

このサイトも、そのサイトも・・・！
どこもうちのことを書いてない・・・！

「東京のオーダー家具店一覧」・・・って、なんでうちが載ってないんだよ！？

ボーン・・・。　これって・・・。

・・・おそらく、ガイルマーケティングが仕込んだサイトだろう。

ガイルマーケティング！？

EPISODE 04 逆襲のSWOT分析

ガイルマーケティングって確か・・・。
あっ！ うちが最近まで契約していたっていうSEO会社・・・！？

そう、おそらく、これらの比較サイトは、ガイルマーケティングが仕掛けたものよ。

えっ・・・！！？　で、でも、これらのサイトの運営者情報を見ても全然知らない社名です！

・・・おそらく、ダミー会社ね。
ドメインのWhois情報を見ても、運営元がわからないように細工してあるわ。

そ・・・　そんな・・・！！
こいつら一体、何が目的なんだよ！！

・・・。

おそらく、オーダー家具業界からのマツオカの締め出し・・・！

し、締め出し・・・！？
私たち、一体何をしたって言うんですか！？

ガイルマーケティングとの契約は破棄しましたが、違約金は今も払い続けています・・・！
嫌がらせされる覚えなんてないのに・・・！

・・・。

それにしたって、この比較サイトたち、なんで突然上位表示してるんだよ！？

・・・ブラックハット SEO だな。

ブラックハット・・・！？

ブラックハット SEO・・・！？
検索エンジンを騙して順位を上げているってことか・・・！？

で、でも！　そんな方法じゃ、順位が下がるのも時間の問題では？

その通りだ。

・・・しかし、ガイル社のブラックハット SEO は巧妙だ。
自社が持つあらゆるリンクネットワークを駆使して、検索エンジンを騙そうとする。

順位低下までには時間がかかるだろう。

・・・そうだ！

どうしたの？　高橋君？

確か、Google には**「ウェブスパム報告フォーム」**ってのがあるって聞いた！

そこからこのサイトたちを通報すればいいんじゃないか！？

説明しよう！

Google には**「Google をだまして掲載順位を上げようとするページ」**を通報することができるフォームが用意されている。
たとえば、有料リンクを購入しているページや、隠しテキストを使っているページ、著作権に違反しているページを通報することで、Google に検索結果の品質向上を依頼することができる！

▶ ウェブマスターツールーウェブスパム レポート
（※利用にはGoogle アカウントへのログインが必要です）

https://www.google.com/webmasters/tools/spamreportform?hl=ja&pli=1

・・・甘いわ。

えっ・・・！？

Googleにスパム報告したからといって、すぐに対応してもらえるとは限らない。
おそらく、目視でのチェックが入ったあとの対応になるわね。
しかも・・・サイトは複数あるわ。
スパム判定が下されるまで時間がかかるかもしれない・・・。

そ、そんな・・・！！

比較サイトをこのまま放置しておくと、マツオカの存在に気付かず、他社に発注する顧客が増えそうね・・・。

もしくは、マツオカの存在を知っていても、マツオカが比較サイトに掲載されていないことを不思議に思う顧客も出てきそう・・・。

ほんっとにわけわかんねー！！
なんだよ、このガイルマーケティングって会社。
俺たちをつぶしてどうなるってんだよ！！

・・・。

ボーン、あの時のことを思い出すわね・・・。

ジェイムス、この後のミーティングだが、資料の準備はどうだ？

安心しろ、デイビッド。　この通りさ。

さすがだな、ジェイムス。
我がクロスアナリティクス社のトップマーケッター。
仕事が早くて助かるぜ。

ところで、デイビッド、この案件が落ち着いたら、
BLUE SMOKE のスペアリブでも食いに行こうぜ。

お、いいねえ。
あそこのリブは絶品と聞いたが、なかなか予約がとれないんだよな。予約がとれりゃあいいんだが。

なあに、安心しろ。ヴェロニカがオーナーの友達なんだ。
あいつがなんとかしてくれるさ。

ハッハー！　できる男の恋人は違うね。
楽しみにしてるぜ〜。

ん？
ジェイムス、お前の電話が鳴ってるっぽいぞ。

はい、こちらジェイムス・ボーン。
・・・。　　**・・・なっ・・・！？**

どうしたんだ？

まさか・・・。

おいおい、どうしちまったんだ？
顔面蒼白じゃねーか。

・・・すまん　・・・デイビッド。
先にミーティングを始めておいてくれ。

P社のソーシャルメディアアカウントに異変が起きているらしい。

P社のアカウント・・・？
Facebookか？　Twitterか？

・・・俺も詳しいことはわからない。

ひとまず、事態を確認する。
お前は先にミーティングを進めておいてくれ！

お、おう・・・。

ヴェロニカ！
P社のソーシャルメディアアカウントが炎上しているって本当か！？

・・・ジェイムス・・・！
P社のFacebookページやTwitterの公式アカウントに、たくさんのコメントが飛んできてるわ。
この記事が原因みたいよ・・・。

こ、これは・・・！？　なんだこの記事は・・・！？

P社の化粧品を購入した顧客が書いた記事みたい。
化粧品を使ったら、ひどい肌荒れが起きたって書いてあるわ。

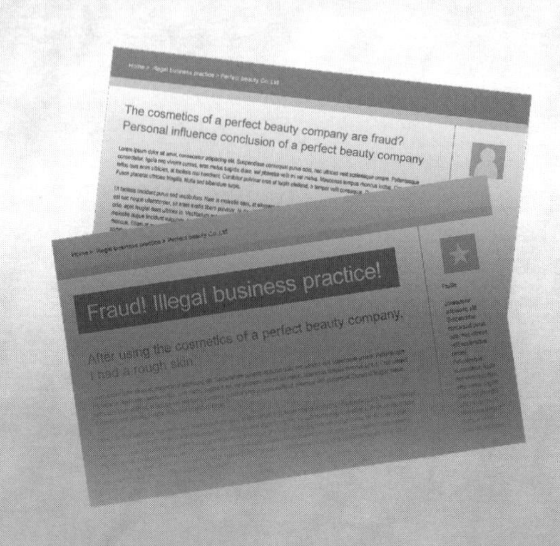

・・・P 社の対応は？

さっき連絡があり、記事を投稿した顧客の特定を急いでいるそうよ。

特定？
特定なんてできるのか？

P社の化粧品は通販でしか買えないわ。
そして、この記事に書かれているのは新商品のレビュー。
新商品を購入した顧客はまだ少ないみたい。

・・・でも　・・・・。

でも・・・？

P社の担当者がいうには、こんなにひどい肌荒れが起きるはずないって言ってるの。

・・・！
しかし・・・このブログの記事では肌荒れが起こったと書いてあるぞ・・・？

不自然なのよ。この検索結果を見て。
同じタイトルの記事が大量に並んでいるわ。

こ、これは・・・！？

同じタイトルの記事が1,000記事くらい投稿されてるだけでなく、たくさんのTwitter botがそれらの記事をつぶやいてる。

なん・・・　だと・・・！？

何者かが仕組んだとしか考えられないわ。
だって・・・　被害に遭った一般の顧客が、こんな手の込んだことする？

はい、こちらジェイムス・ボーン。

・・・社長・・・！
・・・はい、この件は現在調査中です・・・！

ジェイムス、大丈夫！？

・・・社長からの電話だ。
この件を報告しに、社長の元へ行ってくる・・・！

ジェイムス、P社に関するネガティブなクチコミがソーシャルメディアを騒がせているようだな。

はい、突然、多数のブログが立ちあがり、P社の商品に関するネガティブな情報が拡散されています。

・・・これは罠かもしれん・・・。
先程、P社の専務から連絡があり、うちとの契約を破棄したいと伝えてきた。

なっ・・・!?

今回のソーシャルメディア炎上は、クチコミの拡散を事前に察知できなかったうちの責任と言いたいらしい・・・。

そ、そんな・・・！？
我が社に落ち度はなかったはず！？

・・・先程、デイビッドから連絡があり、P社の新キャンペーンのコンペに負けたらしい。

勝利したのは、ガイルマーケティング社。

ガイル社・・・！？

そして、P社の新しい専務は、元ガイル社でマーケティング部門を統括していた人物だ。

・・・！？　ま・・・まさか・・・。

ジェイムス、今回のトラブルの影には、大きな闇が潜んでいるように感じる。気を付けろ・・・。

社長・・・！

しゃ、社長・・・！！
一体誰にやられたんですか・・・！？

グ・・・　グフッ・・・。
ジェ・・・ジェイムス・・・か・・・。

そ、そんな・・・！
お、俺がついていれば・・・！！

ジェ・・・　ジェイムス・・・。
立派になっていくお前を見るのが・・・　楽しみ・・・だった・・・。

い、今、救急車を呼びました・・・！！
しっかりしてください・・・！！

ガ・・・　ガイルマーケティング社には・・・　気を・・・つけろ・・・。

しゃ・・・・社長・・・！
い、いや、親父・・・！　しっかりしてくれ・・・！！

は・・・ははは・・・　育ての親である私をはじめて親父と呼んでくれたな・・・。
嬉しいよ・・・　ジェイムス・・・。

ガクッ

お・・・　親父ー！！！

？

ボーン君。
君はもうクロスアナリティクス社には必要のない男だ。
本日付けで去ってもらおう。

お・・・　お前たちは・・・！？

本日をもって、クロスアナリティクス社は我々ガイルマーケティングが買収した。
幾つかの事業部は解体し、必要のない社員には去ってもらう。
さあ、そのカードキーを返してもらおう。

き、貴様ら・・・！！
もしや、買収を狙って、炎上を仕掛けたのか・・・！！
クロスアナリティクス社の評価を失墜させ、Webマーケティング業界のトップシェアを奪うために・・・！！

ふっ、なんのことだか。

くっ・・・！
社長の命を奪ったのもお前たちだな・・・！！？

おやおや、人を犯罪者扱いですか？
どこにそんな証拠があるんですかね？
名誉毀損で訴えますよ。

・・・お前ら・・・！！！

聞き分けのない人ですね。
さあ、皆さん、この方をオフィスの外へお連れしてください。

・・・くっ、何をしやがる・・・！！
離せっ、離せーっ！！！！！

ジェイムス、発つのね・・・。

・・・ああ。日本へ向かう。

私もすぐに追いかけるわ。

日本へ行ったら、俺は母の姓を名乗る。

ジェイムス・ボーンという人間は今日、この瞬間、この世から消えた。

母を亡くし、みなしごだった俺を引き取り、育ててくれた親父。
・・・親父の姓であるボーン。

そして、母の姓である片桐。

俺にはもうジェイムスという名前は必要ない。
俺は・・・　ボーン・片桐だ。

・・・ボーン　・・・片桐・・・。

クロスアナリティクス社を守れなかったのは俺の弱さが原因だ。
俺は・・・　一から自分を鍛え直す。

・・・そして　・・・ガイル社を市場から引きずり下ろす・・・！

・・・ボーン・・・。

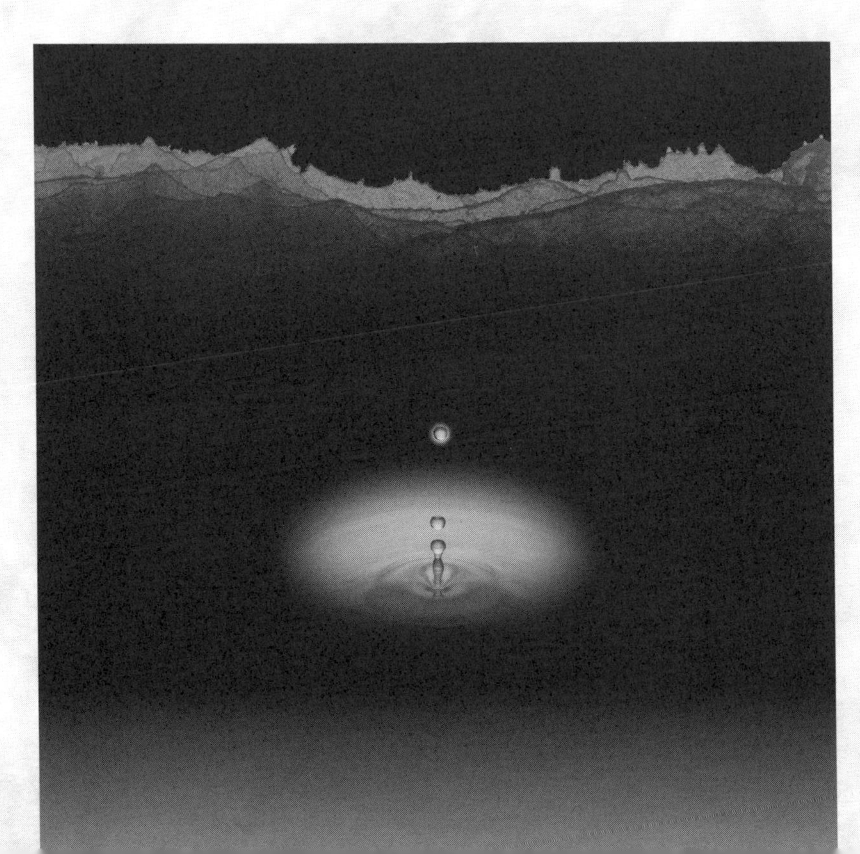

・・・ボーン・・・？

・・・過去を思い出していた。

・・・ガイル社の狙いは、おそらく、マツオカではなく・・・。
あなたね・・・、ボーン。

・・・やつらは俺がマツオカに関わっていることに気づいている。おそらく、マツオカごと、俺をつぶすつもりだろう。

・・・どうするつもり？

・・・。
・・・徹底抗戦するまでだ。

ほ、ほんとやべーよ・・・。
めぐみさん・・・、マツオカどうなっちまうんでしょう・・・。

お、落ち着いて、高橋君！
きっと・・・何か方法があるはず・・・！

ほ・・・方法って・・・。
こんなにたくさんの比較サイト、どうすりゃいいんですか・・・！？

・・・え　・・・えっと・・・。

落ち着け。

ボ、ボーンさん・・・。

こ・・・　これが落ち着いていられるかっての！！
これじゃあ、せっかくリニューアルしたサイトも見てもらえない・・・。
比較サイトに載せてもらえないんだぜ？？

好都合だ。

そう、ほんと、好都合・・・。
ん？？？　好都合・・・！？
お、おっさん・・・、今「好都合」って・・・言ったか？

高橋君、めぐみさん、落ち着いて。

あなたたちが依頼したWebマーケッターは、世界最高のWebマーケッターなのよ。

ボーンのことを信じて。

比較サイトに載せてもらえないのなら、かえって好都合だ。
「比較サイトに載せられないサイト」にすればいい。

「比較サイトに載せられないサイト」・・・！？

「桶狭間戦法」でいくぞ。

お、おけはざま・・・？　なんだそりゃ？

「桶狭間」とは、「桶狭間の戦い」のこと。

2万5,000人もの大軍勢を率いていた今川義元を、織田信長がたった数百の軍勢で破った戦いよ。

織田信長・・・？　今川義元・・・？

いきなり歴史の話かよ・・・。

まあ、聞け。
この戦いから学べることは、織田信長が今川義元を破ったのは「正攻法」ではなかったということだ。

！？
正攻法じゃなかった・・・？

・・・織田信長が勝てた理由は「奇襲」をしたからだ。
織田軍は最初から今川の本陣を狙って奇襲をし、勝利したのだ。

奇襲・・・！？

つまり、大切なのは発想の転換ってこと。
相手が巨大であればあるほど、発想の転換は生きてくるのよ。

「面」で攻撃してくる相手には、「点」で反撃すればいい。

点で・・・・。　反撃・・・！？

・・・始めるぞ。

説明しよう！

「**SWOT 分析**」とは、マーケティング戦略で使われる**思考フレームワーク**の一つである。

1. Strength（強み）……… 自社がもつ強み
2. Weakness（弱み）…… 自社がもつ弱み・課題
3. Opportunity（機会）…. 外部環境にあるチャンス
4. Threat（脅威）…………… 外部環境にある自社にとって都合の悪いこと

それぞれの頭文字をとり、名づけられた。
この「SWOT 分析」を行なうことで、自社商品や自社サイトが他社に比べてどんな強みや弱みを持っているかを知ることができる。
そしてそれは、マーケティングを進める上でのヒントとなるのだ！

スウォット分析・・・？

マーケティングの現場でよく使われる分析手法よ。
今回のようなピンチに陥った時ほど、客観的な状況分析が大切。
ピンチはチャンスでもあるわ。

ピンチはチャンス・・・！

・・・紙とペンはあるか？

はっ、はい！！
今すぐお持ちします・・・！！

・・・ヴェロニカ、SWOT 分析の準備を頼む。

OK、ボーン。

二人とも、よく見て。
これがSWOT分析に使う表よ。

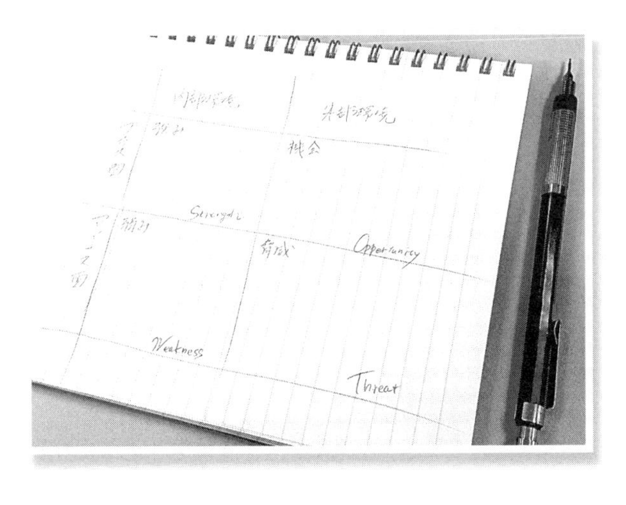

何だこれ・・・?

各マスの意味を解説するわ。
左のマスは、自社の内部環境における「強み」と「弱み」。
そして、右のマスは、自社の外から生まれる「強み(機会)」と「弱み(脅威)」。

これらのマスを埋めていくことで、自社を取り巻く環境を客観的に分析できるの。

自社の強み・・・って、たとえば、「うちは職人さんのレベルが高い」・・・とかでしょうか?

そうよ。
そういった感じで、自社の強みや弱みをリストアップするの。

外から生まれた弱みってのは、つまり・・・「ガイルマーケティング社がつくった大量の比較サイト」ってわけか・・・!

そうよ。
二人とも、理解が早くなってきたわね。
その調子でまずはこの表を埋めてみましょう。
きっとよい打開策が見つかるはずよ。

・・・はいっ!!

・・・できた・・・！

	内部環境	外部環境
プラス面 （強み、機会）	1. 家具の品質が高い 2. 他社に比べて良い職人さんがいる 3. 昔からの常連客（リピーターが多い） 4. お客様からの細かな注文にも対応できる 5. クレームがほとんどない	1. ボーンさんにコンサルティングしてもらっている
マイナス面 （弱み、脅威）	1. 家具の製作に時間がかかる 2. 職人さんの数があまり多くない 3. 社長が入院しており、経営を社長代理である松岡めぐみが行なっている 4. 同業他社とのネットワークがない	1. ガイルマーケティング社によって作られた比較サイトによって、埋もれてしまっている 2. 比較サイトに掲載してもらえない 3. 検索順位がまだ2ページ目から3ページ目をウロウロしている

あら？　外部環境の強みが・・・。

・・・あっ・・・。
外部環境の強みがよくわからなかったので、ボーンさんのことを書いてしまいました・・・。

ふふふ、いいのよ。
ボーンも外部環境のプラス要因であることには違いないわね。

こうやって表に書くと、客観的に自社のことを見つめ直せるな・・・。
でも・・・　ここからどうすりゃいいんだ・・・？

SWOT 分析の表を見つめていれば、そこに道が見えてくる。

道が見えてくる・・・？

この表で一番大事なマスがどこかわかるかしら？

大事なマス・・・？
やっぱり、「プラス」に該当するマスでしょうか・・・？

・・・いや。
大事なのはむしろ「マイナス」のマスだ。

マイナスのマス・・・！？

	内部環境	外部環境
プラス面（強み、機会）	1. 家具の品質が高い 2. 他社に比べて良い職人さんがいる 3. 昔からの常連客（リピーターが多い） 4. お客様からの細かな注文にも対応できる 5. クレームがほとんどない	1. ボーンさんにコンサルティングしてもらっている
マイナス面（弱み、脅威）	1. 家具の製作に時間がかかる 2. 職人さんの数があまり多くない 3. 社長が入院しており、経営を社長代理である松岡めぐみが行なっている 4. 同業他社とのネットワークがない	1. ガイルマーケティング社によって作られた比較サイトによって、埋もれてしまっている 2. 比較サイトに掲載してもらえない 3. 検索順位がまだ2ページ目から3ページ目をウロウロしている

マイナスの反対はプラスだ。
マイナスをプラスに変えられれば、弱みは“強み”になり、マーケティングは一気に加速する。

マイナス を・・・　**プラス** に・・・！？

SWOT 分析の狙いは「弱点」を知ることだ。
なぜなら、自分が弱点だと思っている要素は、発想を変えることで強みになる場合があるからだ。
外部環境の“弱み”は、“強み”の裏返しでもあるのだ。

発想を・・・　変える・・・。

あっ！！
だからさっき、ボーンさんは **「比較サイトに載せられないサイトにする」** っておっしゃったんですね！
あれが発想を変えるってことだったんですね！

・・・そうだ。
「比較サイトに掲載されていない家具会社」という状況を逆手にとる。

世の中には「ガイドブックには載っていない、知る人ぞ知る名店」というカテゴリもあるわね。

・・・。　そ・・・　そうか！！

比較サイトに載せられていないってことは、**「知る人ぞ知る家具会社」**になるってわけか！！

マツオカの強みは「家具の品質」。
比較サイトへの掲載を「あえて断っている」という見せ方にすれば、マツオカのブランドはさらに高まりそうだわ・・・！

そうだ。
一流ブランドの商品はそもそも比較なんてできないからな。

・・・すごいっ・・・！

さすがだわ・・・ボーン。
まさか、この一瞬で、そんな戦略を考えるなんて。

そして、めぐみさん、高橋君、二人の“気づき”のスピードもどんどん早くなってる。

二人とも、ボーンの元で確実に成長しているのね。

・・・さて、二人とも。
この戦略を進める前に確認だ。

比較サイトのビジネスモデルを説明できるか？

ビジネスモデル・・・？

そ、そういや、比較サイトって一体どこで儲けてるんだろう・・・？

・・・ビジネスモデルの分析はまだまだ修行が必要って感じね

ヴェロニカ、お前から説明してやってくれ。

OK、ボーン。
二人ともよく聞いてね。

「比較サイト」の強みって何かわかるかしら？

比較サイトの強みは、**たくさんの商品に対する評価を一気に見比べられる点**。

ユーザーからすれば、商品に関するクチコミや評価を一つひとつ調べるのは大変だから、比較サイトのような、情報が一箇所に集まるサイトはありがたいの。

でもね、最近は比較サイトが多くなりすぎて、比較サイトのないジャンルを探す方が難しくなってしまっている。

なぜそんなことが起きたかというと、比較サイトをビジネスとして立ち上げる企業やアフィリエイターが激増したからよ。

前述したように、比較サイト自体はユーザーにとってはメリットが大きいサイト。
だから、何かの商品やサービスを探しているユーザーが、検索エンジンで「比較」や「ランキング」といったキーワードと一緒に検索するケースは増えてきてる。

その結果、比較サイトの中には、アクセスがたくさん集まるサイトもたくさん出てきたの。
そして、そのようなサイトに、企業は広告を出稿したいと考える。
なぜなら、比較サイトへアクセスしてきたユーザーは、商品やサービスを真剣に探しているユーザーが多いわけだから、アクセス数の多い比較サイトからは商品やサービスが売れやすいのよ。

ただ、最近では比較サイトの信頼性が疑問視されているわ。
なぜなら、サイトオーナーの自己判断で、商品やサービスの評価を操作できてしまうからよ。
たとえば、広告主の商品の評価を高くすることなんて、朝飯前なのよ。

もちろん、そんなサイトはごく一部なのかもしれないけれど、残念ながら、広告だらけの比較サイトが、自分が売りたい商品の評価を不自然に高めているケースは目にするわ。

まあ、今回のガイル社のように、競合他社を排除するためだけに比較サイトを乱立するケースは珍しいけれど。

・・・ひえええええ・・・。
比較サイトって恐ろしいですね・・・。

私もなんだかんだで、クチコミサイトとか見てしまいます・・・。

私も見ちゃうわよ。
人は客観的な情報を得て、安心しようとする生き物だから。

比較サイトのビジネスモデル自体は、ユーザーにとっても広告主にとっても理想的なモデルなんだけど、誠実に運営しないと、胡散臭いサイトになってしまうわけ。

たしかに・・・。

比較サイトのビジネスモデルを理解したか？

はいっ・・・！！

今回の敵はその比較サイトだ。
それも、一つや二つじゃない、大量の比較サイトだ。
そこで、敵を一網打尽にする戦略をとる。

い、一網打尽・・・！？

マツオカのサイトで、比較サイトのカラクリについて説明する。

えっ・・・　えええええ！！？

マツオカのサイト TOP のファーストビューに、
「マツオカが比較サイト掲載を断る理由」という見出しで、世の中の比較サイトの“カラクリ”を説明するページへのリンクを張る。

そ、そんなことしてもいいのかよ・・・！！？

他社サイトを誹謗中傷するわけではない。

あくまでも、先ほどヴェロニカが話したような、比較サイトを巡る問題を取り上げ、顧客にちょっとした“気づき”を与えるだけだ。
特に、ガイル社がつくった怪しげな比較サイトなどは格好の事例になるぞ。

なるほど・・・。名案ね。

家具などの高価な買い物をするユーザーは、自分が失敗したくないという心理が強い。
だから、たくさんの情報を集めようとする。

そんなユーザーに「失敗しないための Web サイトの選び方」を教えるんだ。
それは結果的に、マツオカのサイトが信用を得るきっかけにもなるだろう。

すっ、すごいぜ・・・！

早速取りかかるぞ。

はい！！

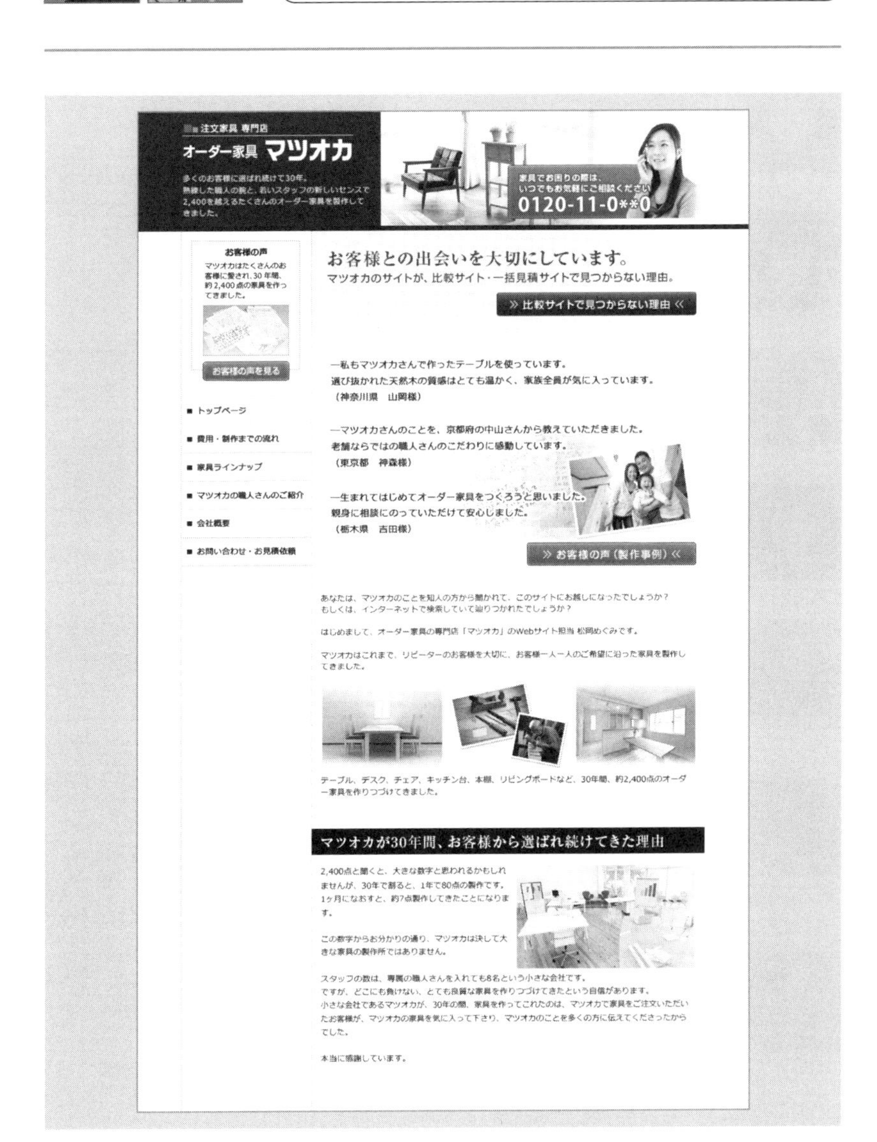
注文家具 専門店
オーダー家具 マツオカ
多くのお客様に選ばれ続けて30年。
熟練した職人の腕と、若いスタッフの新しいセンスで2,400を越えるたくさんのオーダー家具を製作してきました。
家具でお困りの際は、いつでもお気軽にご相談ください
0120-11-0**0
お客様の声
マツオカはたくさんのお客様に愛され、30年間、約2,400点の家具を作ってきました。
お客様の声を見る
■ トップページ
■ 費用・制作までの流れ
■ 家具ラインナップ
■ マツオカの職人さんのご紹介
■ 会社概要
■ お問い合わせ・お見積依頼
お客様との出会いを大切にしています。
マツオカのサイトが、比較サイト・一括見積サイトで見つからない理由。
» 比較サイトで見つからない理由 «
―私もマツオカさんで作ったテーブルを使っています。
選び抜かれた天然木の質感はとても温かく、家族全員が気に入っています。
（神奈川県　山岡様）
―マツオカさんのことを、京都府の中山さんから教えていただきました。
老舗ならではの職人さんのこだわりに感動しています。
（東京都　神森様）
―生まれてはじめてオーダー家具をつくろうと思いました。
親身に相談にのっていただけて安心しました。
（栃木県　吉田様）
» お客様の声（製作事例）«
あなたは、マツオカのことを知人の方から聞かれて、このサイトにお越しになったでしょうか？
もしくは、インターネットで検索していて辿りつかれたでしょうか？
はじめまして、オーダー家具の専門店「マツオカ」のWebサイト担当 松岡めぐみです。
マツオカはこれまで、リピーターのお客様を大切に、お客様一人一人のご希望に沿った家具を製作してきました。
テーブル、デスク、チェア、キッチン台、本棚、リビングボードなど、30年間、約2,400点のオーダー家具を作りつづけてきました。
マツオカが30年間、お客様から選ばれ続けてきた理由
2,400点と聞くと、大きな数字と思われるかもしれませんが、30年で割ると、1年で80点の製作です。1ヶ月になおすと、約7点製作してきたことになります。
この数字からお分かりの通り、マツオカは決して大きな家具の製作所ではありません。
スタッフの数は、専属の職人さんを入れても8名という小さな会社です。
ですが、どこにも負けない、とても良質な家具を作りつづけてきたという自信があります。
小さな会社であるマツオカが、30年の間、家具を作ってこれたのは、マツオカで家具をご注文いただいたお客様が、マツオカの家具を気に入って下さり、マツオカのことを多くの方に伝えてくださったからでした。
本当に感謝しています。

ひとまずはこれでいいだろう。

すげーや・・・！
「比較サイトで見つからない理由」ってバナーが入っただけで、なんだか逆に信頼感が出てきた。

これなら、もし、お客様から比較サイトのことを突っ込まれても説明できます！

・・・あっ！！

どうしたの？　めぐみさん？

うちが「比較サイトへ掲載していない」って書いたら、今度は、比較サイトへ掲載されるかも・・・。

・・・あっ・・・！！！

・・・心配無用だ。
もしそうなれば、今度は逆に「勝手に掲載されてしまった」ということを利用すればいいだけだ。

なるほど・・・！

さあ、マツオカの新コンセプトが決まったわね！

「比較サイトへの掲載を断り続けている、
知る人ぞ知るオーダー家具店」

なんか・・・ カッコイイ！！

胸を張りたい気持ちです！

喜ぶのは早いわよ。
そもそも、このコンセプトを知ってもらわなくちゃ意味がないんだから。
今の状況じゃ、ガイル社の比較サイトに埋もれて、そもそもマツオカのメッセージが届かないわ。

そこで、**「検索連動型広告」**を出しておきましょう。

説明しよう！

「**検索連動型広告**」とは、検索エンジンでユーザーが検索した際、検索結果画面に**そのキーワードに関連した広告を表示する広告媒体**である。

検索連動型広告は大きく分けて、Google と Yahoo！、それぞれに出稿できる広告がある。

▶ **Google アドワーズ**（Google AdWords）
http://www.google.co.jp/intl/ja/adwords/

▶ **Yahoo！プロモーション広告**
http://promotionalads.yahoo.co.jp/

ええっ・・・！！？
知る人ぞ知るお店じゃなかったんですか！？

それはあくまでもコンセプト。

どんなに優れたコンテンツも、見つけてもらわなきゃ意味がないわ。
とはいえ、比較サイトに広告を出しちゃうのはコンセプトとぶれるのでNG。

だから当面は検索連動型広告に出稿しておいて、確実に集客をしながら、マツオカのメッセージを知ってもらうの。

あとは、マツオカの既存顧客が運営しているブログなどがあれば、マツオカの紹介をしてもらえるようお願いするのもいいな。

私、お客様でブログを持ってらっしゃる方をリストアップしてみます！

じゃあ、高橋君、あなたは検索連動型広告の出稿をしましょう。

け、けんさくれんどうがたこうこく・・・？？？
俺、やり方とかまったく知らないけど・・・。

大丈夫、誰にでもできる作業よ。
これを機会に、SEO以外の集客手法も覚えておきましょ。

・・・お、おうっ！！

なっ、なんだと！！？

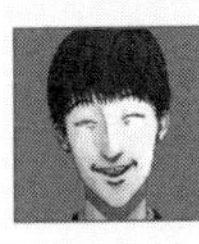

は、ははあ・・・、で、ですから、マツオカのサイトは、我々の戦略を逆手にとったようでして・・・。

・・・。
あえて比較サイトに登録させないサイト・・・！
ふはははははは！　面白いではないか！

・・・あ、あの・・・、比較サイトの追加制作はいかがいたしましょうか・・・？

もう良い。
ブラックハットなSEOで上位表示させた分、あれらのサイトが上位表示をキープするのも厳しいだろう。

・・・ふははははははは・・・！！！
ボーンよ。
日本へ来て、その牙をさらに磨いたようだな。

よかろう。
そこまでして、ガイルマーケティングに刃向かうというなら、私もそろそろ本気を出すことにしよう・・・！！

SWOT 分析により、比較サイトの脅威を逆に機会（チャンス）へ変えたボーンたち。

そんなボーンたちに新たな脅威が襲いかかる！
不気味に笑う遠藤の思惑とは・・・！？

——次回、沈黙の Web マーケティング

EPISODE 05「コンテンツSEOの誘惑」

今夜も俺のインデックスが加速する・・・！

マイナスをプラスに転換する！

広報・吉田

自社サイトの強みと弱みを知り、マーケティングに活かす。そのために行なう分析手法が「SWOT分析」。変化の早いWeb業界においては、サイトの戦略を柔軟に変更していくことが不可欠です。
ただし、戦略変更といっても、サイトの目的ではなく、手段を変更するだけです。サイト制作では、手段の変化に耐えられるサイト設計が重要になります。そのため、サイト制作時の上流工程が重要となるのです。

定期的なSWOT分析により、脅威となる競合の調査を行なう

サイト運営が軌道に乗ると、競合他社の動向に気を配らなくなるケースがあります。そうなると、じわじわと忍び寄る競合の脅威に気づけず、勝負を仕掛けられたときに慌てることになります。そうならないように、SWOT分析を定期的に行ない、脅威となりそうな競合他社の動向は確認するようにしましょう。

以下のような表とチェックシートを参考に分析してみてください 図1 図2 。

	内部環境	外部環境
プラス面（強み、機会）		
マイナス面（弱み、脅威）		

図1 SWOT 分析の表
内部環境には自社の「強み」と「弱み」。外部環境には自社の外から生まれた「強み」と「弱み」を書く

- ▶ 競合が新しいサイトをリリース、もしくはその予定はないか？
- ▶ 競合が新しい商品やサービスをリリース、もしくはその予定はないか？
- ▶ 競合のソーシャルメディアに変化はないか？
  （Twitterのフォロワー数や、Facebookのいいね！数などの増加率を確認）
- ▶ 競合がリスティング広告などの広告に力を入れ始めていないか？
- ▶ 競合はどこかの会社と資本提携を結んでいないか？
- ▶ 競合はどこかのサービス会社の「お客様の声」に登場していないか？
- ▶ 協力関係にある会社を確認

図2 競合調査でチェックしておきたいこと

競合への対抗策「逆張り」や「肩透かし」

ユーザーの多くは新商品や熱量のあるプロモーションに弱いものです。競合が積極的に勝負を仕掛けてきたときには、傍観するのではなく、何かしらの対策を練らなければなりません。といってもすぐに新商品は出せませんし、競合が時間をかけて準備してきたプロモーションと真っ向勝負をするのも厳しいでしょう。

そこでオススメしたいのが、ボーンさんが本編中で「桶狭間戦法」と呼んだ、「逆張り」もしくは「肩透かし」戦略です。次の表でいろいろなパターンにおいて考えられる「逆張り」、「肩透かし」戦略を紹介していきます。

競合の対応	逆張り／肩透かしで考える対策例
競合が新しいサイトをリリースした	自社の既存サイトをもっと充実させる（新しいサイトを作る時間があるなら、既存サイトとファンを大切にするということを表明する）
競合が新商品、サービスをリリースした	自社の既存商品、サービスをもっと充実させる（新しい商品を作る時間があるなら、既存商品、そのファンを大切にするということを表明する。また、既存商品の価値を高めるため、商品の質を上げたり、サポートなどのサービスを厚くすることなども検討する）
競合のソーシャルメディアアカウントにファンがつき始めた	競合のソーシャルメディアの人気に乗っかってみる（自社のアカウントで交流を持ちかけてみる）
競合がリスティング広告に力を入れ始めた	競合が出稿している広告文と比較しやすいような表現を使ってみる（例：「プロが選ぶ家具店」という広告文なら、「プロもまだ知らない家具店」という表現も検討するなど）
競合が「実績ナンバーワン」「顧客満足度ナンバーワン」という表現を使った	「隠れたナンバーワン」という表現を使ってみる（ただし、本当に何らかの要素のナンバーワンでないと、誇大表現になるので注意）
競合がメディア取材を受けたことを、積極的にPRし始めた	「メディアに登場しない隠れた名店」という表現を使ってみる
競合が支店を増やし始めた	「弊社があえて支店を増やさない理由」というコンテンツを掲載してみる
競合が思わず笑えるユニークなコンテンツを提供し始めた	「真面目なスタッフばかりなので、ユニークなコンテンツは提供できず申し訳ございません」という謝罪文を掲載してみる
競合がWebマーケティングに力を入れた結果、こちらのトラフィックがほとんど奪われてしまった	Webから撤退し、販路をWebではなく、リアルに向けてみる（リアルな営業や、DMによるマーケティングも検討してみる）
競合がリアル店舗を閉鎖	あえてリアル店舗を出すことを検討してみる

Googleアナリティクスの「ベンチマーク機能」を使う

Googleアナリティクスには「ベンチマーク」という機能があり、あなたのサイトへのトラフィックが同業種のサイトと比較してどのような状態にあるかを教えてくれます。このツールを使えば、自社サイトの強みや弱みを客観的に判断することが可能です。

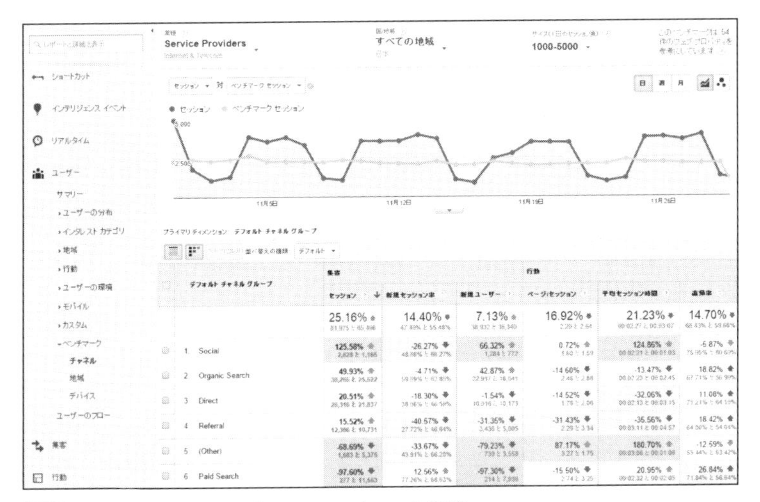

図3 Google アナリティクスのベンチマーク機能
自社サイトと同業種のサイトとを比べて、新規ユーザーの割合や、平均セッション時間がどうかを教えてくれる。上記は「チャネル（流入元）」別のトラフィックの評価

業種
Service Providers
Internet & Telecom
国/地域
すべての地域
日本
サイズ（1日のセッション数）
1000-5000
このベンチマークは 54 件のウェブプロパティを参考にしています

図4 「業種」、「国／地域」、「サイズ（1日のセッション数）」を選択すれば、対象となる同業種のサイトが決まる。この例の場合は、54件のサイト情報を参考にしているとのこと

デバイスカテゴリ	集客			行動		
	セッション	新規セッション率	新規ユーザー	ページ/セッション	平均セッション時間	直帰率
	25.16% 81,975 と 65,496	14.40% 47.49% と 55.48%	7.13% 38,932 と 36,340	16.92% 2.20 と 2.64	21.23% 00:02:27 と 00:03:07	14.70% 68.43% と 59.68%
1. desktop	78.77% 72,116 と 40,341	-10.54% 45.24% と 50.57%	59.92% 32,622 と 20,399	-18.80% 2.27 と 2.79	-34.04% 00:02:32 と 00:03:51	16.64% 67.14% と 57.56%
2. tablet	-41.95% 1,366 と 2,336	-6.95% 58.55% と 62.93%	-45.99% 794 と 1,470	-27.52% 2.12 と 2.92	13.44% 00:02:45 と 00:02:25	22.57% 70.21% と 57.28%
3. mobile	-64.36% 8,503 と 23,866	3.21% 64.87% と 62.86%	-63.21% 5,516 と 14,995	-32.76% 1.59 と 2.37	-15.68% 00:01:39 と 00:01:57	24.97% 79.11% と 63.30%

図5 「デバイス別」のトラフィックの評価も確認できる。上記の場合は、タブレット端末で閲覧しているユーザーが、同業種のサイトよりも長い間、ページを閲覧してくれていることがわかる

Webの強みはブラッシュアップできること

あなたがいかに堅実にサイトを運用しようとも、外部環境の変化は待ってくれません。最近、外部の環境の変化についてゆけていないサイトをよく見かけるようになりました。

たとえば、IE6などの古いブラウザでも閲覧できるPC向けサイトを作ったのに、PCよりスマートフォンで閲覧するユーザーの方が多くなり、結果的にスマートフォン対応が間に合っていないサイトや、デザインを作り込みすぎたがゆえに、ちょっとしたデザインの変更に手間がかかり、伝えたい情報をスピーディーに発信できずに、機会損失が発生しているサイトなどです。それらのサイトの敗因は、「変化に弱いサイト」を作ってしまったことです。

第2話の基本解説でも書きましたが、Webの強みは、いつでも何度でも変更・ブラッシュアップができること。つまり、変化に強い媒体であることです。ちょっとした変更や情報の追加に時間がかかるのであれば、Webの特性を十分に活かしたサイトを構築できているとはいえません。PDCAサイクルを回すのも大変でしょうし、手段と目的が逆転してしまっているといえるでしょう。

よく起こる内部での意識のズレ

変化に強いサイトを作るためには、サイトの目的を明確化し、本質を理解し合い、内部での意識のズレを起こさないことです。外部で発生する脅威はコントロールできませんから、せめて内部の意識に関してはしっかりコントロールしたいところです。

ここで、巷でよく見かける、内部の意識のズレが発生しているケースを2つご紹介します。

● ケース1：Webデザイナーの意識がサイトの目的とズレている

フォントサイズが小さすぎて読みにくいんだけど、なんとかならないかな？あと、もっと文章を入れたいんだけど……。

えっ！？このページのフォントサイズを上げると、すごくダサくなっちゃいますよ。あと、縦に長いページもダサいですよ。

第2話のストーリーでも取り上げられましたが、Webデザイナーがサイトのデザインを“アート”と混同してしまっているケースです。
サイトの目的は商品を売ることであり、Webデザイナーのアーティスティックなこだわりを見せる場所ではありません。

● ケース2：Webエンジニアの意識がサイトの目的とズレている

ここの文章をすぐに書き換えたいんだけど……。

ちょっと待ってください。プログラムに組み込んでおく方が美しいので、しばらく時間をください。

Webエンジニアが自身のプログラムに美意識を持ち過ぎていて、何でもシステム化することから考えてしまうケースです。システム化すること自体はよいのですが、急いでいるときには、とりあえずプレーンなテキストを表示させるなど、柔軟な対応を考える必要があります。

意識のズレを生じさせないために目標設定をする

意識のズレを生じさせないためにも、目標を目に見える形で設定しておきましょう。そこでオススメしたいのが、「KGI」と「KPI」の設定です。

KGI (Key Goal Indicator) …重要目標達成指標

　達成すべき、最終目標（ゴール）のこと

KPI (Key Performance Indicator) …重要業績評価指標

　最終目標（ゴール）にたどりつくまでにクリアしたい、通過点（プロセス）に設けられた目標のこと

たとえば、「KGI」と「KPI」は以下のような形で設定されます。考え方としては、「KGI」を達成するための通過点が「KPI」だと考えてください。

● KGIの設定例

6ヶ月以内に、サイトから発生する月間の売上げ（利益）を2倍にする！

● KPIの設定例（以下のKPIを達成することで○○を実現する！）

KPIの設定指標はサイトによってバラバラですが、マツオカのサイトに設定することを考えてみたのが、次のページの表です。

KPIの設定例	KGIにどう影響するか?
サイトからの「お問い合わせ件数」を月60件に増やす(電話とフォームからのお問い合わせの合算値)	お問い合わせ件数が増えれば、売上げアップにつながります。
「オーダー家具」というキーワードでの「検索順位」を1位にする	お問い合わせや購入につながりそうな検索ワードでの上位表示は、売上げアップにつながります。
「オーダー家具」という検索ワードで流入してきた「ユーザー数」を月1,000ユーザーに増やす	お問い合わせや購買につながりそうな検索ワードで上位表示しても、検索結果でクリックされなければ意味がありません。そのため、検索結果におけるCTR※が高くなるよう、諸々の施策を行ないます。 具体的には検索結果に表示されるタイトルやスニペットを改善します。 ※CTR(Click Through Rate)=クリック・スルー・レート
「オーダー家具」という検索ワードで流入してきた新規ユーザーの平均滞在時間を2分以上にする	ユーザーに長い間サイトを見てもらえれば、それだけ商品やサービスの魅力が伝わりやすくなり、お問い合わせや購買につながります。
マツオカのサイトへ対する「外部からのリンク数(ドメイン数)」を6ヶ月以内に200リンクに増やす	外部からのリンクが増えれば増えるほど、サイトに対する検索エンジンからの評価は高くなり、検索順位が上がりやすくなります。
Twitterアカウントのフォロワー数を毎月100人増やし、6ヶ月後に600フォロワーを獲得する	フォロワー数を毎月100人増やし、6ヶ月後に600フォロワーを獲得することで、Twitterでの知名度を高めます。

このように「KPI」を設定しておくことで、諸々の施策が「KGIやKPIに対してどんな効果があるのか?」を考えられるようになります。

また、KPIは、あくまでもKGIを達成するための一指標ですので、状況に応じて変更することは問題ありません(ただし、頻繁な変更は、運営チームを混乱させる元となりますので、注意してください)。

KGIやKPIの設計には上流工程での「企画・設計」が大事

サイトを作る際の工程は、「企画・設計」、「制作」、「運用」という3つの段階に分かれます。このうち、特に重要なのが、上流工程にあたる「企画・設計」です。なぜなら、「制作」や「運用」は、上流工程で決まったサイトの目的にしたがって行なわれるものだからです。

「企画・設計」段階でKGI、KPIを設定しておけば、制作や運用時のズレがなくなります。

●「企画・設計」段階で行なわれる作業

① **現状分析・ヒアリング**
市場調査、検索キーワードのボリューム調査、競合分析

② **ポジショニング**
SWOT分析などを使い、自社の強みと弱みを明らかにし、市場におけるどのポジションを狙うかを決める。

③ **ターゲットユーザーの設定**
商品やサービスを提供するターゲット層を決める

④ **目標設定**
KGI、KPIの設定、目標の言語化など

⑤ **サイトマップの作成**
作成するページのリストアップ

⑥ **マーケティングのプランニング**
実施する可能性のあるマーケティングをリストアップ

⑦ **運用体制の準備**
サーバーなどのインフラ・CMSの選定、効果測定ツールの選定、各種ガイドラインの策定、担当者のアサイン

⑧ **予算・リソース算定**

吉田守のまとめ！

■ **変更・改良しやすいサイトを準備する**
Webの強みはブラッシュアップできること。外部環境の変化に柔軟に対応できないサイトには機会損失が発生しやすい。

■ **KGIとKPIを設定し、チーム内で共有する**
KGIは「重要目標達成指標」。KPIは「重要業績評価指標」のこと。それぞれを設定すれば、今進めている戦略が“そもそも”正しいのかどうかを客観的に判断できるようになる。

■ **サイトを作る際は、上流工程にあたる「企画・設計」を大切にする**
サイト制作では、制作に入ってからの“戻し”にコストがかかる。戻しが発生しにくいよう、上流工程で「やるべきこと」、「進むべき方向」を明確化しておく。

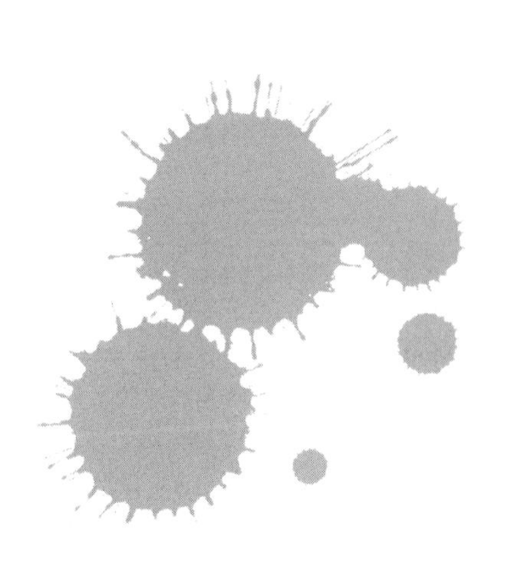

［前回までのあらすじ］

── 悲劇はもう繰り返させない。
俺のインデックスが加速する限り・・・！

マツオカの Web マーケティングを進めるボーンたちの前に、
突如現れた大量の比較サイトたち。
それらサイトは、ガイル社が裏で操っていたサイトだった。

絶体絶命かと思われたその状況において、ボーンは
起死回生の戦略を提案する。
それは、マツオカを「他社と比較できないブランド」
として新たにブランディングすることだった。

かくして、そのブランディング戦略は成功し、
マツオカのサイトは危機を免れる。

しかし、その平和も束の間、ボーンたちの背後には
さらなる脅威が迫っていた・・・！

── 羽田空港にて

う〜んっ！　３ヶ月ぶりの日本！

それにしても、シリコンバレーは最高だったな～！
スタートアップ系の人たちとも交流できたし、起業へのモチベーションも上がったなあ。

EPISODE
05

コンテンツSEOの誘惑

おっと、マツオカのみんなのところへ挨拶に行かないと。
みんな元気にしてるかな〜！

ヴェロニカさん！
サイトからの売上げ、今週も順調です！

それはよかったわ。

ガイル社の比較サイトとの戦いから1ヶ月が過ぎた。
マツオカのWebサイトはその売上げを順調に伸ばしていた。

ほんっと、比較サイトが大量に現れた時はどうしようかと思いました・・・。
でも、結果的に**「他社サイトと比較できないサイト」**っていうブランディングができてよかったです。

ふふふ、そうね。
でも、マツオカの家具の「品質」があってこそのキャッチコピーだから、もっと胸を張っていいのよ。

はいっ！！

・・・あっ、ヴェロニカさん・・・。

どうしたの？

実は・・・　今、ちょっと気になっていることがあって・・・。

気になっていること？

はい・・・。

順調に売上げが伸びている中、こんなことを言うのは恐縮なんですが、マツオカの検索順位があまり上がっていないのが気になっていて・・・。

検索順位・・・？

はい・・・。
今、「オーダー家具」で検索すると、12位あたりをウロウロしているんですが、実は、2ヶ月くらい前からこの順位が変化していないんです。

あ、もちろん、ペナルティを受けていた頃に比べると上位表示しているんですが、これより順位は上がらないのかな・・・なんて。

・・・確かに2ヶ月ほど検索順位は動いてないわね。

ボーンさんのおかげで売上げは伸びてきたんですが、せっかくなら、検索順位ももっと上がったらいいな、と思ったりして・・・。

ご、ごめんなさい！
私、なんだか、どんどん欲張りになってきてる・・・。

いいえ、いいのよ。
もっと貪欲になりなさい。

あなたは経営者。
さらなる高みを目指すのは当然だわ。

・・・そうね、検索順位はもう少し上げていきたいところね・・・

あれっ？
今日はボーンのおっさんは・・・？

ああ、ボーンなら、寄るところがあって遅れて来るとのことよ。

―― その頃

母さん・・・。
この国で母さんに会うのは初めてだな。

俺が母さんを亡くした日、「あの男」は姿を見せ、母さんの遺骨の一部をこの国に持ち帰った。
俺はあの男の名も顔も覚えていない。

しかし、あの男がこの国で、母さんの「墓」をつくっていたことを知った。

きれいな蘭の花じゃな。

・・・「カトレア」だ。母が好きだった。

その墓に眠る女性は、さぞ愛されておったのじゃろう。
毎月必ず、ある男性が献花しに来ておった。

・・・ある男性？

墓地を訪れる者が少なくなった昨今、珍しい男性じゃった。
お主と同じように、蘭の花を持って訪れておったよ。

・・・。

じゃが、その男性はここ3ヶ月ほど、姿を見せておらんのじゃ。
何かあったのかのう。

・・・住職、その男の名はご存じか？

いいや、名前は知らん。
年は・・・　そうじゃのう、60歳くらいかのう。
穏やかな雰囲気の中に、どこか物憂げな表情のある男性じゃった。

・・・。住職。
もし、次にその男が来たとき、その男の名を聞いておいてくれないか？

・・・よかろう、承知した。
お主のことはどう伝えておけばええかの？

片桐・・・「片桐エミ」の息子だと伝えておいてくれ。

――同じ頃
ガイルマーケティング社日本法人

遠藤社長！
子会社が作った比較サイトのいくつかがGoogleからペナルティを受けたようです。

フフフ・・・、Googleもスパムフィルタの精度を上げてきているようだな。

あ、あの・・・、本当によろしいのでしょうか？

・・・何がだ？

このままだと、ほかの子会社の比較サイトもGoogleからペナルティを受けるのは時間の問題かと・・・。

フッ、Googleからペナルティを受けるということは、それまでのサイトだったということだ。

で、ですが、弊社の顧客サイトの順位が下がるのは別によいとして、弊社の子会社のサイトの順位が下がるのは、株主に対していささかイメージが悪いのでは・・・と

大丈夫だ。すでに手は打ってある。

・・・すでに手を・・・？

遠藤社長！　米国本社からご連絡です。
リンク会長がハングアウトで遠藤社長とつなげてほしいと・・・。

リンク会長か。
わかった。すぐつなげるようにする。

井上、お前との話はあとだ。

承知いたしました。
ひとまず私は退室させていただきます・・・。

遠藤だ。
リンク会長とつなげてくれ。

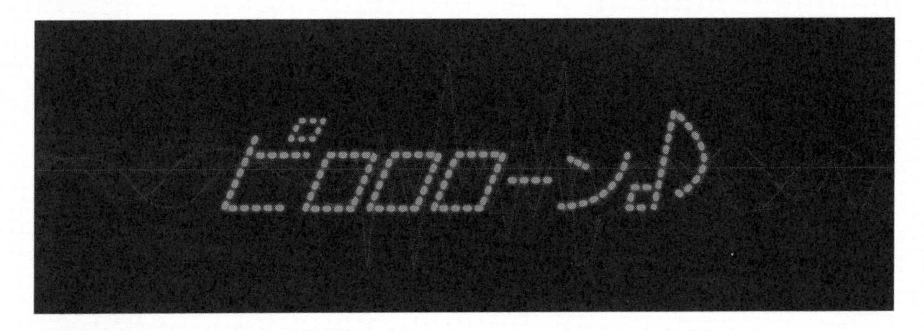

ハ〜イ！　遠藤ちゃ〜ん！
お久しぶりね〜。

はっ！　リンク会長！
ご無沙汰しております！

3ヶ月前の全社会議以来かしらね〜。
話は聞いたわよ〜。何やら、苦戦してるみたいじゃな〜い？

いえいえ、ご安心ください。
日本法人は順調に売上げを伸ばしております。
特に苦戦などはしておりませぬゆえ。

あら〜、心配しなくて大丈夫よ。
私、遠藤ちゃんには全幅の信頼を寄せてるから。

でも、さすがに今回の相手は手強そうね。
“ボーンのせがれ”が相手と聞いてびっくりしたわ〜。

さすがでございます。
もうそこまで話が伝わっておりましたか。

ですが、ご安心ください。
この私の力で、やつを徹底的に叩きつぶすつもりでございます。
日本の市場を狙う以上は、遅かれ早かれ、やつとはどこかで対峙する運命にありましたので。

うんうん、さすが遠藤ちゃん。頼もしいわ〜。

でも、ボーンのせがれ、噂では、「日本最高の Webマーケッター」として暗躍していたそうじゃない。
ま、今の遠藤ちゃんが負けるわけないと思うけど、危険因子は早めに排除しておくのがベターよ〜。

おっしゃる通りでございます。

うちの世界征服のためには、クロスアナリティクス社の生き残りは絶滅させないとね〜。
日本には「腐っても鯛」なんて言葉があるそうだけど、見るも無惨なくらい、やっつけちゃってね〜。

はっ！　この遠藤めにお任ください。

ほんっと、頼もしいわ〜。
じゃあ、次回の報告楽しみにしてるわね〜。

フッ、リンク会長め、今のうちにヘラヘラ笑っていろ。
ボーンを倒し、日本法人を全社一の売上げにしたあとは、会長であるお前の番だ・・・！

井上か、私だ。
このあと、14時からのミーティングにお前も同席しろ。

・・・そうだ。
「バズボンバー」社とのミーティングだ。

フフフ・・・。
比較サイトなんぞ、生ぬるい。
結局最後に勝つのは、**「圧倒的なコンテンツ」**をもつサイトなのだ。

さあ、ボーンよ、お前はこの先、マツオカのサイトにどんなコンテンツを投下していくつもりだ？

この私を敵に回したことを後悔するがよい。
圧倒的な力の差を見せつけてやろう。

フフフ・・・ **ハーッ　ハッハッハ！！**

◆

◆

うーん、検索順位ってどうやったら上がっていくんだろう・・・。

たしか、お父さんがガイル社から営業を受けた時は、**「外部リンクを増やすことが重要」**って言われてたみたい。
だから、リンク購入の提案を受けちゃったみたいだけど・・・。

・・・でも、リンクを購入したら、また、Google からペナルティを受けちゃいますよ。

・・・そうよね・・・。
リンクを購入しなくてもリンクを増やす方法、ってあるのかしら・・・。

「コンテンツの力」で増やすんですよっ！

吉田ー！！
お前、海外から戻ってきたのかー！！

うぃっす！！

吉田君！！　元気だった！？

めぐみさん！
吉田 守、ただ今戻りました～！

お前、いい感じに焼けてるなあ。

へへ、シリコンバレーで知り合った起業家の友人とマリンスポーツなんかも楽しんでましたから。

シリコンバレー、素敵よね～。
世界の最先端が集まっているイメージだわ。
私もお休みがとれたら、一度、行ってみたいな。

ほんっと、シリコンバレーは最高でしたよ！

・・・さて、あらためまして。

めぐみさん！　高橋さん！
マツオカが大変な時期に、気持ちよく海外へ送り出してくれてありがとうございました！

な～に、言ってんだよ。
お前、まだ学生のインターンなんだから、俺たちに気を遣うことなんてないって。

そうよ、心配することなんてないわ。

いえいえ、「インターン」という立場であれど、僕はマツオカの売上げに貢献したいんです。

今回の短期留学も、マーケティングの知見をためるのが目的でしたから。

お前、ほんっとしっかりしてるなあ。
さすが、KO 大学の学生だぜ、まったく。

僕の夢は学生のうちに起業することなんです。
このマツオカでのインターンの経験を経て、マーケティング関連の会社を立ち上げたいと思っています！

学生発のベンチャー。カッコイイわね。

！？

ちょ、ちょ、ちょっと、高橋さん！！
あの超グラマラスな美人、誰なんですか・・・！？

ああ、あの人はヴェロニカさんっていうんだ。
今、うちに来てもらっているWebコンサルタントのお付きの人だよ

ヴェロニカさん・・・！　なんて素敵な女性なんだ・・・！

？？

吉田君、さあ、そんなところに立ってないでここに座って。
今からお茶をいれるから。
海外の話をもっと聞かせてほしいわ。

めぐみさん、ありがとうございます。
じゃあ、お言葉に甘えて・・・と。

へえ～、やっぱアメリカはスケールが違うねえ～。

そうですね。
でも、逆にアメリカから見た日本のマーケットもおもしろいですよ。

あっ、そうだ、吉田くん。
さっき、私たちが「リンクを増やさなきゃ」という話をしていた時、「コンテンツの力でリンクを増やす」って言ったわよね。

あ、SEOの話ですよね。
はい、外部リンクを自然に増やすためには**「コンテンツの力」**が不可欠です。

コンテンツの力・・・？

・・・おもしろそうね。私も話を聞かせてほしいわ。

あっ、え、えと、えと・・・。

よしっ、ここでヴェロニカさんのポイント稼ぎだ・・・！

ゴ、ゴホン。
じゃあですね、手土産ついでに、海外で仕入れたSEOのノウハウをお話ししますね！

日本も既にそうだと思うんですが、実は今、海外の SEO 業界では、“ペイドリンク”による**「人工的な外部リンク施策」**が淘汰されつつあります。

ペイドリンク・・・！

あ、お金でリンクを購入するってことだよな？

はい、そうです。

今、アメリカでは、人工的な外部リンク施策をおこなっていたサイトがその順位を下げています。
中には、経営に深刻なダメージを受けた企業も出てきています。

それは怖いな・・・。

そうなんです。

元々、リンク購入などによる人工的な外部リンク施策は、Google のガイドラインに違反していました。

ですが、Google がその取り締まりを強化するまでは、人工的なリンクによって順位が上がるケースが多く、まるで麻薬のように、リンクを購入し続けていた企業が多かったんです。

そして、同様に、リンクを販売する SEO 会社も多く存在していました。

でも、そのリンクの効果がなくなってきた・・・？

はい。
今、アメリカではリンクを販売するSEO会社は少なくなっています。
そして、代わりに注目されてきたのが、**「自然にリンクを集める方法」**なんです。

たとえば、最近アメリカで開催されているSEOイベントの多くは、「どうやって自然にリンクを集めるか？」といった、"リンクビルディング"の話題が中心となっています。

つまり、SEO業界の話題は、リンクを集めるための「コンテンツプランニング」に移っているんです。

コンテンツプランニング・・・。

・・・え・・・と、ゴホン。実はですね・・・。
僕、この国で「SEOの会社」を始めようと思ってるんです。

SEOの会社！！？

吉田君がSEO会社を立ち上げようとしているなんて・・・。
びっくりしちゃった・・・。

てへへ・・・。

でもね、僕が立ち上げようとしているのは、SEO というより、もしかしたら、「コンテンツマーケティング」の会社といった方が近いかもしれません。

で、どういう会社なんだよ？

はい。
コーディングなどの内的 SEO の知識に、「コンテンツの企画力」が合わさったような会社です。
多くの SEO 会社が人工的なリンク構築で対応していた外部施策を、僕はコンテンツの力を使って進めたいと思っています。

つまり、リンクが自然に集まるようなコンテンツをプロデュースするんです。

いいビジネスね。私も少し投資させてもらおうかしら。

あ、ありがとうございます！

吉田君、コンテンツの力でリンクを集めるって、そんなこと本当にできるの？

はい。もちろん可能です。

たとえば、めぐみさん、**「リンクが自然に集まること」**って、どういうことかわかりますか？

えっと、自分のサイトのコンテンツが、誰かのブログや Twitter などで紹介される　・・・ってこと？

はい、そうです。

では、次に考えてみてほしいのが、ブログやTwitterなどでコンテンツを紹介する人が**「なぜ紹介したいと思ったか？」**という理由なんです。

理由・・・？

はい。
何かを紹介しようと思う人は、紹介するに至った理由があるはずですから。

うーん、そうね・・・。
たとえば、**「そのサイトのコンテンツが気に入ったから」**とか？

そうですね。
でも、気に入ってなくても紹介することがありますよ。

えっ・・・？

たとえば、ネガティブなクチコミを行なう場合です。

あっ、なるほど・・・。

そういえば、俺の場合、イケてないデザインのWebサイトを見つけたら、**「このサイトはイケてない！」**っていう意見をTwitterでブツブツつぶやくことがあるな・・・。

あれも一応、コンテンツを紹介していることになるのか・・・。

そうなんです。

人は必ずしもよい情報だけをシェアするわけじゃないんです。
たとえば、何らかのトラブルで**「炎上」**した場合も、たくさんのリンクが集まってしまいますし。

え、炎上・・・。

ははは、もちろん、炎上なんてしたら、そのサイトのブランドに影響が出ますから、あくまでも“例え話”ですよ。

でも、「炎上」というワードにも大きなヒントが隠されているんです。

ヒント？？

種明かしをすると、「紹介する」という行為は、紹介する側の「ある欲求」がきっかけで発生するんです。

ある欲求・・・？

・・・「自己顕示欲（承認欲求）」ね。

！？　・・・自己　・・・顕示欲？

はい。

・・・ヴェロニカさん、すごいですね・・・！
一発で言い当てた。

ふふふ。

「自己顕示欲」って？

簡単にいえば、周りの人に自分をもっと見てほしいという心理です。

自分を・・・　もっと見てほしい・・・？？

はい。

たとえば、高橋さんが、イケてないWebサイトに対してTwitter上で批評をするのは、**「Webデザイナーとしての高い見識を持つ自分を見てほしい」**という欲求が隠れているんです。

えええー！！
いやいやいや、俺、そんなこと思ってないし・・・。

いいえ、潜在的には思っているはずなんです。

・・・というのも、自己顕示欲を持っているのは高橋さんだけじゃありません。

世の中の人のうち、ブログを書いたり、Twitterでつぶやいたり、Facebookに写真を投稿したり、Q＆Aサイトで悩みに答えてあげたり、動画を投稿したり・・・、そういった行動をとる人たちの多くには、この「自己顕示欲（承認欲求）」があると言われています。

えー・・・　マジかよ・・・。
なんか、そんなこと言われるとイヤなんだけど・・・。

確かに誰しも、**「自己顕示欲のためにソーシャルメディアを使っている」**なんて言われたくないですからね。

でも、**「マズローの欲求５段階説」**で考えると、ネットで何かの情報を発信している多くの人が「自己顕示欲」のために行動していることがわかるんです。

マズローの欲求５段階説・・・、なんだそりゃ？

ふふふ、じゃあ、もう少し詳しく解説しますね。

「マズロー の欲求５段階説」について

マズローの欲求５段階説というのは、アメリカの心理学者「アブラハム・マズロー」という人が理論化したもので、以下のようなピラミッド型の図が有名です。

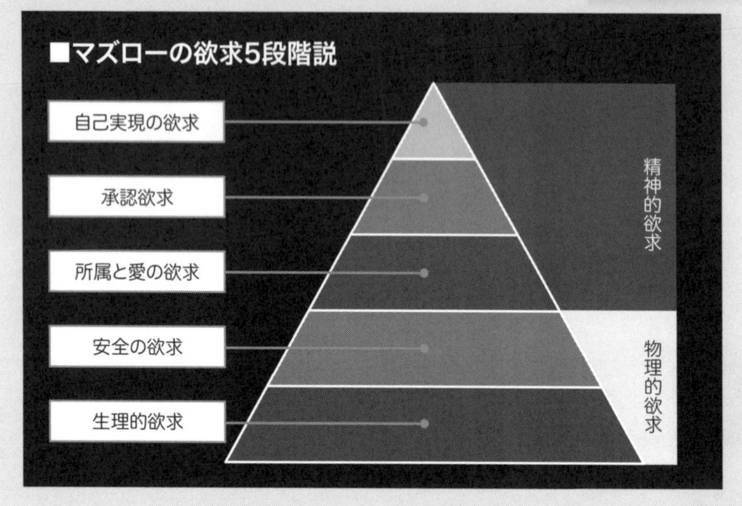

このピラミッドに書かれている欲求を、下から順に解説していきますね。

1.　生理的欲求

生命を維持するための、食事・睡眠・排泄といった根源的な欲求です。

2.　安全の欲求

安全に生きていくために、よい健康状態や、経済的安定を欲する欲求です。生命の危機を回避するために、自分の身の安全につながるものを強く求めます。

ただ、日本のような平和な国の場合、よっぽどのことがない限りは危険な状況には陥りませんので、生理的欲求や安全の欲求を強く欲する人は少ないです。

3. 所属と愛の欲求

自分が**「社会や特定のコミュニティの一員である」**と感じたいという欲求です。
安全を手に入れた人は、次に、社会のコミュニティにおける自分の立ち位置を気にするようになります。
他人と違うことをして嫌われないだろうか？ 他人とうまくやっていけるだろうか？ そういったことを強く思っているため、他人の意見に従ったり、流行にすぐに飛びつくといった行動が生まれます。

4. 承認欲求（自己顕示欲）

社会のコミュニティにうまく属せると、次に、**「自分の存在を知ってもらいたい」「このコミュニティの中で、価値ある存在として認められたい」**という欲求が生まれます。
この欲求は、他者から尊敬されたり、注目を得ることによって、満たされます。
たとえば、自分が発信した情報をきっかけとして多くの人に絡んでもらいたい、そういう心理も生まれます。

5. 自己実現の欲求

以上４つの欲求がすべて満たされたとしても、人間は満足ができません。
というのも、最終的には「自分が本当に表現したいものを」を求めて、あるべき自分の姿を手に入れようとするからです。

これはおもしろい心理分析ね・・・。

でも、なんかイヤだな・・・。
自分が日頃とっている行動が「自己顕示欲から生まれている行動です！」とか言われるの・・・。

ははは・・・。

それは本当、おっしゃる通りだと思います。
自分の行動を客観的に分析されて喜ぶ人はいませんから。

でも、なんとなくわかってきたわ・・・。
コンテンツを作ってリンクを集めるというのは、人間心理を理解することでもあるのね・・・。

はい！　そうなんです。

極端な話をすれば、リンクを自然に増やすためには、人間心理に響くコンテンツを作ればいいんです。

人間心理に響くコンテンツ・・・。

そこで！
オススメしたいのが、**「おもしろコンテンツ」**です！

おもしろコンテンツ・・・！？

・・・。

お二人は、**「バイラルコンテンツ」**という言葉を知ってますか？

バイラルコンテンツ・・・！？

はい。
加速度的にクチコミされる、思わず紹介せずにはいられないようなコンテンツを指します。

説明しよう！

バイラルコンテンツの「バイラル」という言葉はviral（ウイルスの、感染的な）」という言葉が語源とされている。
つまり、**バイラルコンテンツ**とは、ウイルスのように、**クチコミが爆発的に広まるようなコンテンツのこと**を指すのだ。
バイラルコンテンツを用いたマーケティングは、「バイラルマーケティング」とも呼ばれる。
また、最近ではバイラルコンテンツをまとめた「バイラルメディア」という形のサイトも話題になっている。

「マズローの欲求5段階説」の中に、**「所属と愛の欲求」**というのがありましたよね。

その欲求に関係しているのですが、実は人間って、周りが盛り上がっているものに乗っかりたくなる心理があるんです。

それは**「祭りの心理」**とも呼ばれます。

祭りの心理・・・？

お祭りがあると参加したくなりますよね。
たくさんの人が楽しんでいるから、自分も参加したくなる。

これには、「世の中の楽しいことから置き去りにされたくない・・・！」といった心理が関係しています。

みんなが同じゲームを買い始めたら、自分もそのゲームを持っていないと不安になる、っていう心理か・・・。

はい、そうです。
それは、まさに「祭りの心理」なんです。

それとおもしろコンテンツがどう関係しているの？

簡単にいえば、おもしろコンテンツほど、「祭りの心理」と相性のよいコンテンツはないんです。

だって、「笑い」は万国共通ですから。
テレビのバラエティ番組を家族でみる人が多い理由を考えてみれば、わかると思います。
笑えるコンテンツは誰かと盛り上がりやすいんです。

笑えるコンテンツは誰かと盛り上がりやすい・・・。

はい、難しいコンテンツだと、多くの人と一緒に楽しめません。
バイラルコンテンツには“笑えるおもしろさ”が重要なんです。

なるほど・・・。

・・・。

そうだ！
たとえば、この化粧品メーカーのコンテンツを見てください。

えっと・・・。
「秒速でメイクは可能なのか、実際に試してみた」

えっ、秒速でメイク・・・!?

何だこれ～、口紅とかはみ出しまくってるじゃん!
せっかくの美人が台無しだよ～。もう(笑)

あああ、みんな、メイクめちゃくちゃ・・・。
でも・・・　これ・・・、おもしろい!!!

でっしょ～!?　笑えるでしょ、これ。

で、このコンテンツを観たあと、思わず誰かにシェアしたくなりませんか?

プププ・・・　確かに!
このおもしろさは誰かに伝えたくなるわ!

・・・ん？
うわっ！この記事、よく見たらすごいツイート数だ・・・。
Facebookの「いいね！」も２万くらい集まってる・・・！

そうなんです。
すごいでしょ、このコンテンツ。

Twitterでは１万ツイート、Facebookでは２万いいね！を獲得しています。
多分、かなりの人がシェアしたと思いますよ。

実はこのコンテンツ、バイラルコンテンツの国内成功事例として、日本のメディアにもよく取り上げられているんです。

読んでて楽しくなるし、思わずクチコミしたくなるし・・・。
おもしろコンテンツって素敵かも！

はい、おもしろコンテンツの力はすごいですよ。
小難しいコンテンツをせっせと作るよりも、誰でも笑えるコンテンツを作って、ドカーンと大きなクチコミを生み出す方が得策なんです。

・・・！！
あっ！このコンテンツのコピーライトにある「バズボンバー」って名前見たことある！

はい、このコンテンツ、バズボンバーっていう会社がプロデュースしてるんですよ。
企業とコラボをして、おもしろコンテンツを次々にリリースしている会社で、今では飛ぶ鳥を落とす勢いのコンテンツ制作会社なんです。
僕の憧れの会社の一つです。

──その頃、ガイル社では

よく来てくれた、バズボンバーの諸君。

お久しぶりっすね〜、遠藤さん。
まあ、いつもチャットでやりとりしてっから、久々って感じはしないけど。

フフフ、久しぶりだな。ボンバー伊藤。
元気にしているようではないか。

ヘイ、おかげさまで。
最近は忙しすぎて、蒸発しちゃいたいくらいっすよ。

ハハハ、なんなら、うちの社員をヘルプとして何人か出向させてやってもいいぞ。

あ、それはお断りっす。
基本、俺が認めたおもしろいやつしか入れないことにしてるんで。

フフフ、そうだったな。

で、今日は何の用っすか？

案件の相談だ。
お前らが忙しいのは知っているが、俺の言うことは聞いてくれるだろ。ギャラも弾むぞ。

今、超忙しいんすけど・・・　って言いたいところっすけど、遠藤さんの頼みとあっちゃあ、引き受けるしかないっすね。

で、どんな案件すか？

「家具」をテーマにしたバイラルコンテンツを作ってほしいのだ。
今、弊社の子会社が運営しているサイトに、「オーダー家具」で1位をとっているサイトがある。

そのサイトのディレクトリ直下で公開してもらう。

オーダー家具・・・っすか。
まあ、インテリアに関するコンテンツだったら、いろいろアイデアが出ると思うっす。

さすがだな。
いつものようにぶっとんだコンテンツを作ってくれ。
楽しみにしてるぞ。

アイアイサー。

・・・！！　なるほど！！
みんなが笑えるおもしろいコンテンツを作れば、リンクが一気に集まるってことか！

そうなんですよ。

たとえマツオカのブランドや商品のことを知らなくても、マツオカのサイトにおもしろいコンテンツがあるだけで、そのコンテンツがシェアされて、たくさんリンクが集まるってわけです。

・・・ん？
でも、リンクが集まるのは、そのコンテンツに対してだよな？
肝心の販売サイトの方にリンクが集まらなくて大丈夫なのか？

ふふふ、大丈夫なんですよ。

肝心なのは、**「販売サイトと同じドメイン」**の中でコンテンツを公開することなんです。

コンテンツにリンクが集まると、ドメインが強くなるんですよ。

ドメインが強くなる・・・？

はい。
今の検索エンジンは**「ドメインの強さ」**を評価するんです。

同じドメインの中にあるいろいろなページにリンクが集まれば、それらのリンクは、ドメイン全体の評価も高めてくれます。

そして、ドメインが強ければ強いほど、そのドメインの中で公開されたページは上位表示しやすくなるんです。

だから、同じドメイン内で公開されたコンテンツにリンクが集まれば、結果的に販売サイトも上位表示するんですよ。

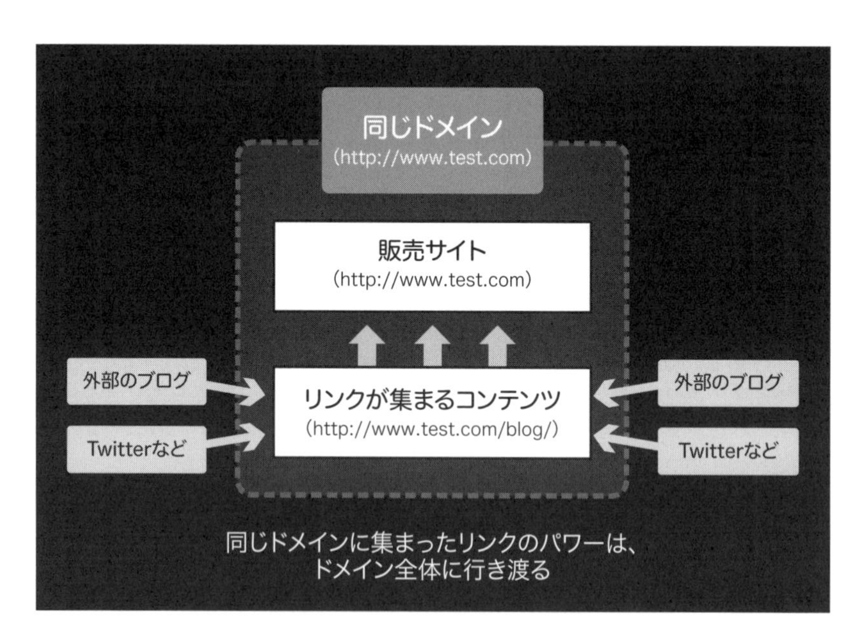

じゃあ、さっきの化粧品サイトも・・・？

はい、コンテンツと同じドメインに商品ページが公開されているはずです。

・・・あっ！
このサイト、調べてみたら、「無添加化粧品」ってワードで上位表示してる！　すげええっ！

まあ、「無添加化粧品」ほどのビッグなワードになってくると、バイラルコンテンツもたくさん要るとは思いま・・・

これはすげえっ！！！　さすがだな！！　吉田！！
かーっ、シリコンバレー帰りは違うね～！！

吉田君、すごいっ！！　夢が広がったわ！！

あ、いや、え・・・　と・・・

めぐみさん！！
こうなったら、とびっきり笑えるコンテンツ作りましょう！！

そうね！！　なんだかワクワクしてきたわ！！
吉田君！どんなコンテンツがいいかなあ！？

そ、そうですね・・・！
インテリア系で笑えるネタというと・・・。

お前たちは漫才でも始めるつもりか。

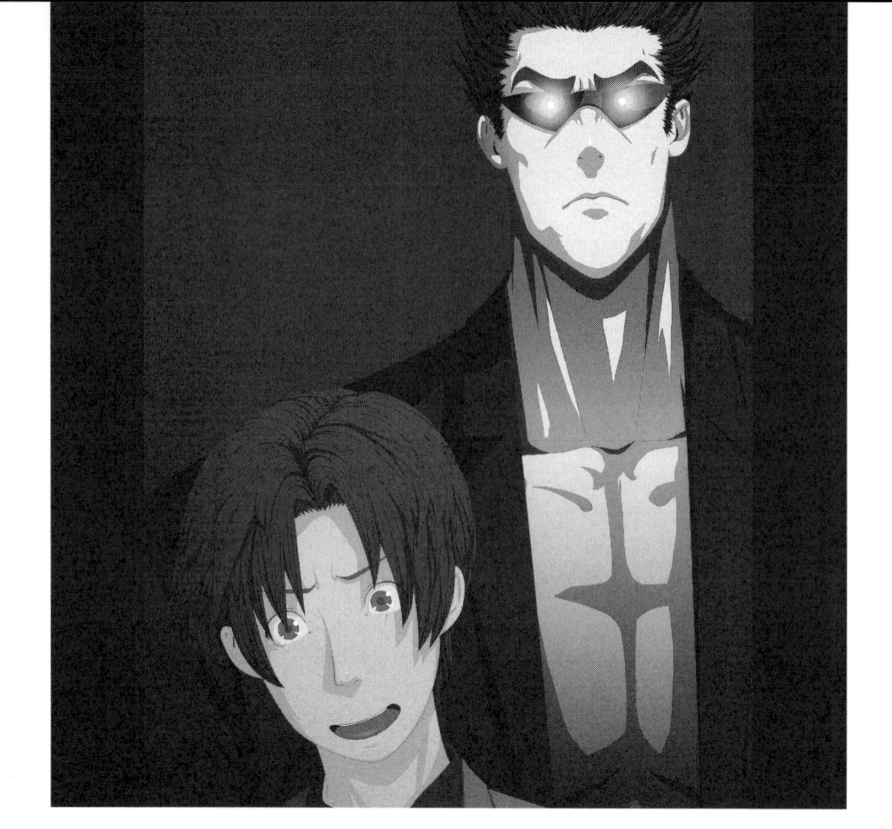

わあああああっ！ な、なんだこの人・・・！！？

ボ、ボーンさん・・・！！？

あっ、ああ、吉田は初対面だったな。
この人はボーン・片桐さん。
うちが今頼んでいるWebコンサルタントで、ヴェロニカさんの上司だ。

ヴェロニカ・・・　さんの・・・？

こいつは誰だ？

あっ、うちに来てくれているインターンの子で、吉田君です。
ボーンさんに来ていただく前からうちで働いてくれていて、最近、海外留学していたんです。
ちょうどさっき日本へ戻ってきて、帰国の挨拶で寄ってくれたんです。

インターン・・・か。

ゴ、ゴホン。
申し遅れました。僕は吉田 守っていいます。
KO 大学の 3 年生で、マツオカでインターンさせていただいています。

俺は、ボーン・片桐だ。

お前か、この二人に漫才を勧めたのは？

ま、漫才！？　・・・ゴ、ゴホン。

確かに「おもしろコンテンツがオススメです」とは言いましたけど、僕がお二人に教えたのは、SEO に不可欠な、外部リンクを自然に集めるためのコンテンツ戦略です。
「コンテンツマーケティング」とでも呼びましょうか。

・・・コンテンツマーケティング？

はい、コンテンツマーケティングです。
今、広告業界でも注目されているマーケティング手法で、SEOの世界でもホットな手法です。

ホット・・・？
茹で上がってるのはお前の頭の方だ。

！！！？

この二人におもしろコンテンツを作れると思ったか？

あ、あの！
吉田君はリンクを自然に集めるための一つの方法として、おもしろコンテンツを作ることを提案してくれたんです！

ボーンのおっさん！
俺たちに笑いの才能があるかどうかは置いといて、このページの「いいね！」の数とか見てくれよ！
すげえ、クチコミされてんだぜ。

それは当然だ。
バズボンバーはおもしろいからな。

・・・へ・・・。

ボーンのおっさん、あんた・・・バズボンバーのこと知ってるのかよ？

知ってるも何も、ボーンはプロよ。
国内、いえ、世界中でヒットしたWebコンテンツを知り尽くしてるわ。

・・・世界中・・・。
だ、だったら、おもしろコンテンツの可能性も感じてらっしゃるはずです！

・・・可能性。
確かに、おもしろコンテンツには無限の可能性がある。
だが、お前は「可能性」でWebマーケティングを行なうのか？

え・・・？

この二人が、バズボンバー級のおもしろコンテンツを作れる可能性は高いと思うか？
インターンとしてマツオカで仕事をした経験があるのなら、その可能性の程はわかるだろう？

そ、それは・・・。

仮におもしろコンテンツを作れたとする。

しかし、世の中の多くのネットユーザーは、バズボンバーがつくったコンテンツのおもしろさに味を占めている。

目の肥えたユーザーは、ちょっとやそっとおもしろいコンテンツではクチコミしないぞ。

・・・！！！

・・・確かに・・・。

・・・私たち、ちょっとはしゃぎすぎちゃったかも・・・。

しかし、「コンテンツの力でリンクを集める」という着眼点は合格だ。

・・・！

もし、「おもしろいコンテンツ」を作りたいのなら、バズボンバーと同じ「funny」の方向ではなく、「interesting」の方向で攻めろ。

「funny」ではなく・・・。

「interesting」・・・！？

あ、熱っ！！！
な、なんだ！？この湯気は！？

ボーンのノートPCが自動起動した・・・！？

はっ・・・！！
ボーンが・・・。「覚醒モード」に入ろうとしている・・・！

覚醒モード・・・！？

実は、ボーンが最も得意とするのは「コンテンツマーケティング」。彼のノートPCも彼と同様に、その沸き立つ血を抑えられないようね・・・！

・・・よかろう。
お前たちに、「本当のコンテンツマーケティング」を教えてやろう。

ほ、本当のコンテンツマーケティング・・・！？

── その頃

オーダー家具ね〜。
今回もギリギリセーフのコンテンツを作っちゃうよ〜。
今回もバズ確実だね〜。ウフフフフフ。

ついに、ガイルマーケティング社がその手の内を見せてきた。

国内屈指のバイラルコンテンツ制作集団「バズボンバー」。
彼らが作るコンテンツを前に、果たして、ボーンたちはどう闘うのか！？

そして、ボーンが話す「interesting」なコンテンツとは一体・・・！

物語は風雲急を告げるッ・・・！！

——次回、沈黙のWebマーケティング

EPISODE 06「コンテンツマーケティング攻防戦」

今夜も俺のインデックスが加速する・・・！

人間心理に響くコンテンツを作れ！

広報・吉田

SEOにおいて重要な外部からのリンク。ただし、そのリンクは自然に集めなければいけません。ペイドリンク（有料リンク）をはじめとした人工リンクに頼ることは、Googleのガイドライン違反になるからです。そこで必要となるのが、リンクが張られるきっかけとなる「コンテンツ」です。
ユーザーの心に響き、「紹介したい！」と思ってもらえれば、ブログやTwitterなどのソーシャルメディアでシェアされ、自然なリンクを獲得できるのです。

SEOは「内的SEO」と「外的SEO」に分かれる

SEOは大きく分けて、内的SEO（内部対策）と外的SEO（外部対策）に分かれます。

対策	詳細
内的 SEO（内部対策）	検索エンジンにサイト内のコンテンツを評価してもらいやすいよう、サイト内部の構造を調整する。具体的には、タイトルタグや本文といったテキスト要素を調整したり、サイト内のいろいろなページをクロールしてもらいやすいよう、内部リンクを張る。
外的 SEO（外部対策）	そのサイトへの外部からのリンクを増やすことによって、そのサイトの人気度を検索エンジンへ伝える。具体的には、外部から自然にリンクが張られるようなコンテンツを考える。また、複数のサイトを所有している場合は、それらサイトからリンクを送ってもよいが、自然発生の客観的なリンクではないため、高い評価につながらない場合が多い。

この2つの対策はどちらも重要なため、どちらか一方を進めるのではなく、両方をバランスよく進めていく必要があります。ただ、内的SEOは自社サイト内で完結できる一方で、外的SEOは原則として、外部のサイトから自然にリンクを張ってもらう必要があるため、他者に依存しなくてはならない対策なのです。

それを踏まえた上で外的SEOを成功させるには、「どんなコンテンツなら、人は紹介したいと思うのか？」という人間心理を意識したプランニングが必要です。

以降の解説では、外的SEOの基本をお話ししながら、SEOに効果的なリンクの集め方を述べていきます。

外的SEOで重要なこと

外的SEOで重要なことは以下の５点です。

① 質の高いサイトやソーシャルメディアから自然にリンクを張ってもらう
② できるだけ関連性の高いジャンルのサイトからリンクを張ってもらう
③ ユーザーが「クリックしたくなる」リンクの張り方をしてもらう
④ 各ページに集まったリンク効果を集約させるため、運営サイトのドメインはできるだけ１つに統一する
⑤ ペイドリンクなどの人工リンクに頼らない

②については、たとえば、あなたのサイトが「リフォーム」に関するサイトの場合、同じリフォームというジャンルを扱うサイトや、それに近い「インテリア」や「家具」といったジャンルを扱うサイトからリンクを張ってもらえるとよいでしょう。関連性の高いサイトからのリンクが増えることで、あなたのドメインはそのジャンルにおける"信頼できるドメイン"だと判断され、専門サイトとしての評価が高まるからです。

続いて、③のリンクの張り方について、掘り下げて解説します。

リンクがどのように張られているかが重要

本来「リンクを張る」という行為には、ユーザーに対して、そのリンク先にアクセスしてほしいという意図があるはずです。たとえば、記事を書く際に参考にしたサイトや、文章を引用したサイトへリンクを張ることは、ユーザーに対して、自分のサイトと関連性のあるサイトを紹介することになり、ユーザーの利便性が向上します。その際、リンク先のサイトへきちんとアクセスできるように、クリックされやすいような位置にリンクを張るはずです。

一方、単純なSEOの目的で張られたリンクは、そういった配慮がなされておらず、誰もクリックしないような場所にリンクが設置されるなど、ユーザーの利便性を無視したケースが多くあります。そのため、検索エンジンからの評価を落とす原因となります。

つまり、リンクは、ただ張ってもらえればよいのではなく、「どのように」張ってもらうかが重要です。リンクが張られる際に付けられるリンクテキストも、より具体的で、ユーザーがクリックしたくなるような文字列になるとよいでしょう。つまり、リンクを張る側の「熱量」が、リンクの評価につながるのです。

次のページでは、よいケースと悪いケースをご紹介しましょう。

よいリンクの張られ方の一例

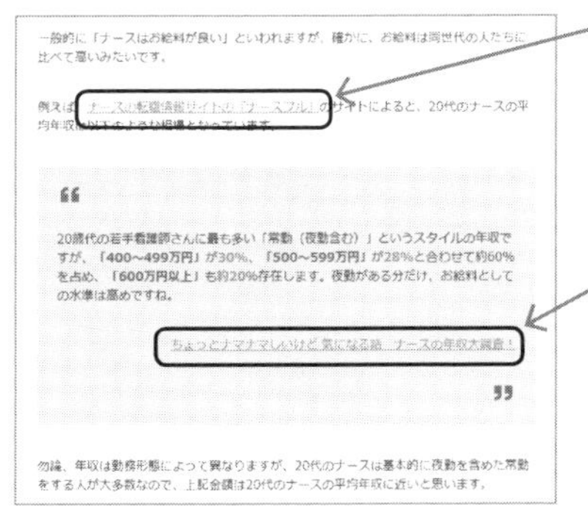

本文中でほかのサイトの情報を参考にした際のリンク。ユーザーがそのサイトへアクセスしやすいように、わかりやすくリンクを張っている。また、リンクテキストの内容も、具体的な内容にしている

本文中でほかのサイトの記事を引用した際のリンク。引用元をしっかり紹介することは、ネットにおけるマナー。リンクテキストの内容も、引用元がわかりやすいよう、引用元のページタイトルを使っている

悪いリンクの張られ方の一例

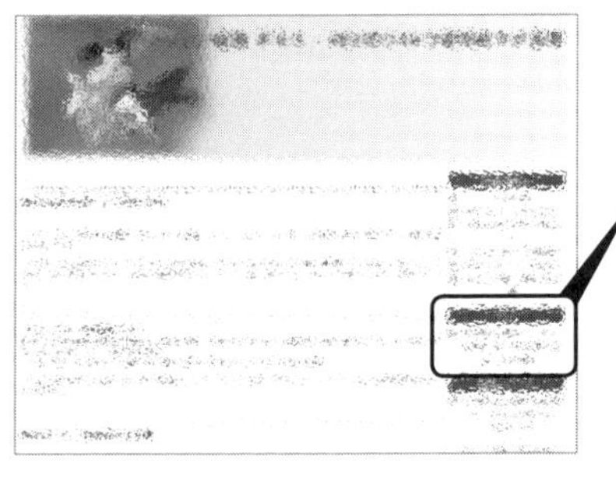

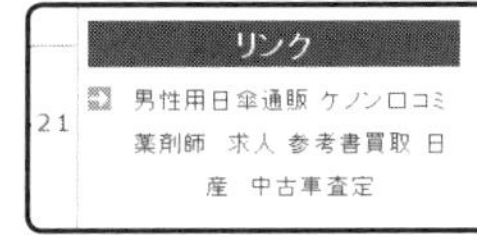

あからさまなSEO目的だと思われる、サイドバーに張られたリンクの例。多数のサイトへのリンクが入り混じっており、非常にクリックしづらい状態

運営サイトのドメインはできるだけ1つに統一する

検索エンジンはドメインの「信頼度」を評価するといわれています。

信頼度の高いドメインの中にあるサイトは、検索エンジンから「このサイトはほかのサイトより信頼できるに違いない」というアドバンテージを得る形になり、ほかのサイトに比べて上位表示しやすい傾向にあります。

この信頼度は、同じドメインの中にあるサイトが外部からどれだけリンクを受けているかで評価され、ドメイン内のサイト同士を内部リンクで結ぶことによって高まっていきます。そのため、可能な限り、同じドメインの中でサイトを運営していくとよいでしょう 図1 。

ただし、テーマやジャンルが明らかに異なるサイトを、同じドメイン内で運営する場合は注意が必要です。なぜなら、それぞれのサイトに関連性がなければ、ドメイン全体の「専門性」が弱くなるからです。ドメインにおいても、ジャンルの専門性が重要になることを理解し、専門性がブレそうな場合には、ドメインを分けて運営した方がよいでしょう。

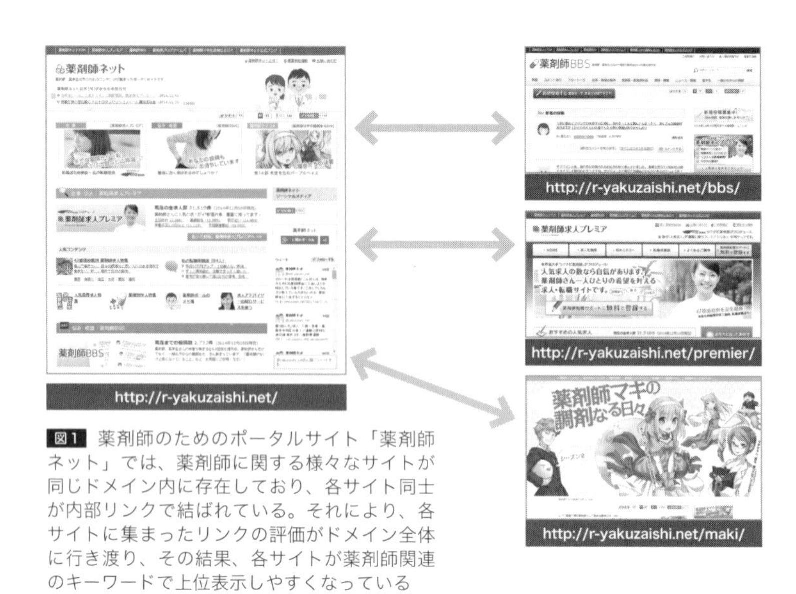

図1 薬剤師のためのポータルサイト「薬剤師ネット」では、薬剤師に関する様々なサイトが同じドメイン内に存在しており、各サイト同士が内部リンクで結ばれている。それにより、各サイトに集まったリンクの評価がドメイン全体に行き渡り、その結果、各サイトが薬剤師関連のキーワードで上位表示しやすくなっている

サイトはサブドメイン型か？　ディレクトリ型か？

同じドメインの中で複数のサイトを運用する際、サブドメインを作るか（サブドメイン型）、ディレクトリを作るか（ディレクトリ型）で悩むケースがあります。現状では、SEOの観点からはディレクトリ型がよいといわれています。

同じテーマやジャンルであれば、1つのドメイン内でディレクトリを切って運用した方が、ドメイン全体の専門性は高められるでしょう。また、アクセス解析などの観点からも、同じドメイン内でサイトを運営しておいた方が便利です。

ただ、同じドメインの中で、別のテーマやジャンルを扱う際は、サブドメインを検討してください。

▶ **ディレクトリ型の例**
http://www.cpi.ad.jp/bourne/

▶ **サブドメイン型の例**
http://bourne.cpi.ad.jp/

ページは「セリング」と「コンテンツ」に分けて考える

サイト内で展開するページは、セールスのための「セリング」と、リンクを集めるための「コンテンツ」に分けて考えるとよいでしょう。

たとえば、美容整形や婚活といったジャンルの場合、セリングのページがソーシャルメディア上でシェアされる可能性はかなり低いでしょう。なぜなら、美容整形の手術を受けようとする人は、自分が手術を受けることを隠そうとするからです。「今から美容整形を受けに行ってきます！」なんてつぶやきませんよね。

そのため、美容整形などのジャンルで自然にリンクを獲得するためには、リンクを集めるためのコンテンツが必要になります。そして、そのコンテンツを考える際は、美容整形を検討しているユーザーだけでなく、それ以外のユーザーに響くコンテンツを意識するとよいでしょう。美容整形に興味がないユーザーでも思わず紹介したくなるような美容に関するノウハウコンテンツが理想なのです。

この考え方は、あらゆるジャンルに適用でき、「セリング」と「コンテンツ」を切り離して考えることで、リンクを自然に集めやすくなります 図2 。

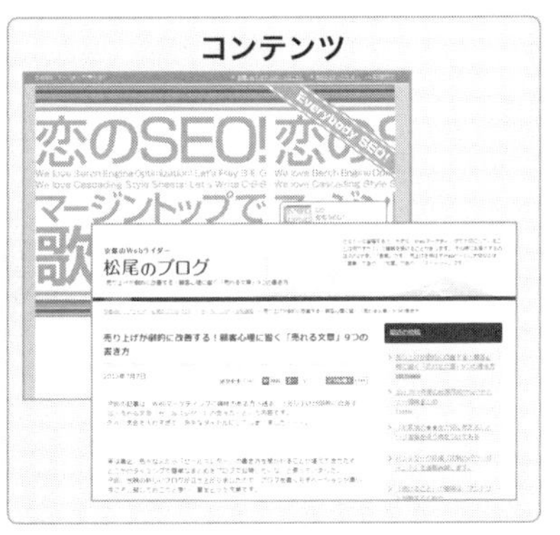

図2 Web制作会社であるウェブライダーのサイトでは、セリングのページとは別に、リンクを集めるためのコンテンツとして、文章の書き方を教えるコンテンツなどを展開している。それらのコンテンツ経由でたくさんのリンクを獲得し、セリングページの上位表示を達成している

自然にリンクが集まる「セリング」のページもある

その一方で、ジャンルにもよりますが、セリングのページに自然にリンクが集まることもあります。

たとえば、商品のクオリティが圧倒的に高かったり、その商品がメディアなどで急激に話題になったときなどです。商品がテレビなどで取り上げられると、その商品についてTwitterなどでつぶやく人が増え、それらのつぶやきは自然なリンクとなります（ただし、瞬間的な盛り上がりによって増えるリンクより、継続的に増えるリンクの方が中長期で見た場合のSEO効果は高いため、いかにして継続的にリンクを増やしていくかを考えることも大切です）。

また、セリングのページの作り方次第で、リンクが張られるケースもあります。とてもお洒落なデザインだったり、心打たれる文章が書かれていたりすると、クリエイターやその界隈の人たちがブログなどでそのページを紹介するでしょう。

そのほか、ストーリー形式のコンテンツはセリングと相性がよいといわれています。たとえば、テレビのドキュメンタリー番組では、ある商品が生まれた感動ストーリーなどを特集する場合がありますが、そのストーリーに感動したことで、その商品が欲しくなるケースはあるでしょう。ストーリーはコンテンツにもセリングにもなりうる、最高の演出方法の1つなのです。

ソーシャルメディアでどれだけクチコミされているか

Twitterなどのソーシャルメディアでクチコミされることにより、自然なリンクを獲得できるとお伝えしました。

ソーシャルメディアでどれだけクチコミされているかを確認しておくことは重要です。ユーザーの反応を見ることで、次なるアクションを起こしやすくなるからです。クチコミをチェックするなら、以下の3つがオススメです。

Chromeの拡張機能を使う

ブラウザのChromeの拡張機能である「Social Analytics」を使えば、今見ているページのツイート数やFacebookのいいね！の数、Google+1の数などをチェックできます。

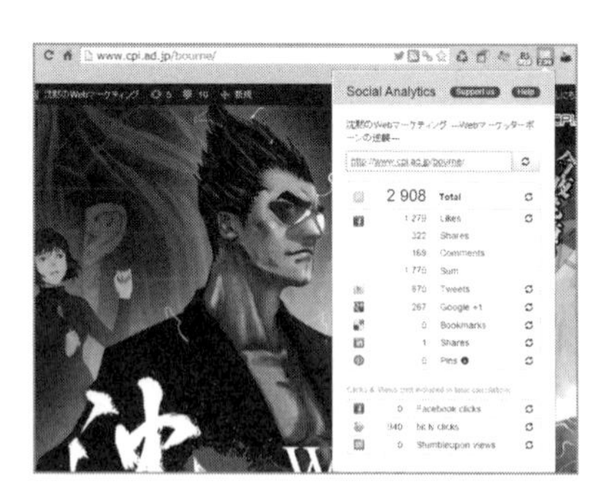

Yahoo！リアルタイム検索を使う

Yahoo！が提供している「リアルタイム検索」を使えば、あなたの記事について言及しているユーザーを見つけることができます。自分の記事のタイトルや、URLで検索してみてください。この検索は、TwitterとFacebookの両方を横断検索できますが、Facebookに関しては公開されている投稿のみの検索となります。

はてなブックマークを使う

はてなブックマーク内の検索窓にあなたのサイトのURLを打ち込めば、あなたのサイトの中ではてなブックマークされているページのみを一覧表示してくれます。

また、はてなブックマークにはChrome用の拡張機能もあります。拡張機能をインストールしておくと、今見ているページのはてなブックマーク数をすぐにチェックできるので、便利です。

はてなブックマークをチェックするクセをつけよう

はてなブックマークとは、現在、日本国内でもっとも影響力のあるソーシャルブックマークサービスです 図3 。

ソーシャルブックマークとは、自分が気に入っているサイトのリストをオンライン上に公開できるサービスのこと。ブラウザのお気に入り機能などとは違い、他人のお気に入りサイトの情報などがわかるため、コミュニケーションツールとしても使われます。

はてなブックマークを使ってブックマークされることを「はてブされる」といい、サイトやページに付いたはてなブックマークの数を「はてブ数」と呼びます。たくさんのユーザーにはてブされているサイトは、それだけ人気があることになり、はてなブックマークがたくさん集まっているページを知っておくことで、リンクが集まりやすいコンテンツのパターンを知ることができます。

図3 はてなブックマーク内の検索窓でキーワード検索すれば、過去にはてブされたページの中から、そのキーワードに関するコンテンツのリストを確認できる。「タグ」「タイトル」「本文」、それぞれにキーワードが入っているページの中から絞り込み検索することができるほか、はてブ数の多い順にソートすることも可能

また、はてなブックマークには、「人気のエントリー（ホッテントリ）」のコーナーと「新着のエントリー」のコーナーがあります。この2つは、直近で勢いよく「はてブ」が集まっているページが紹介されるコーナーで、公開されて間もな

く「はてブ」をたくさん集めるような、話題性のあるページが取り上げられることが多いです。この2つのコーナーをチェックしておくことで、今、ネットで何が話題になっているのかを知ることができます 図4 。

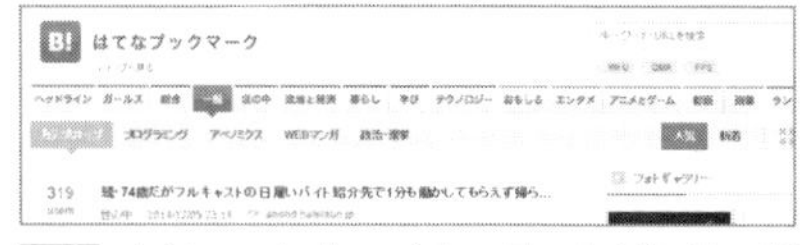

図4 人気エントリー（ホッテントリ）や、新着のエントリー入りした記事は、はてなブックマークのサイトのTOPや、カテゴリ別ページのTOPで紹介される。人気の記事は数十～数百のはてブがついていることが多い

吉田守のまとめ！

■ **外的SEOは、コンテンツの力で自然にリンクを集めることが大切**

外部から張られるリンクは、そのサイトの“人気票”でもある。人気票を得るためには、多くの人に支持されるコンテンツが必要となる。

■ **マズローの欲求五段階説における「所属と愛の欲求」、「承認欲求（自己顕示欲）」を意識する**

ソーシャルメディア上で何かのコンテンツをシェアしたい人は、「所属と愛の欲求」「承認欲求（自己顕示欲）」の2つが強い。そのため、シェアされるコンテンツを作る際は、その欲求に注目する。

■ **ページは「セリング」と「コンテンツ」に分けて考える**

何かのページをシェアしたいという人は、そのページで売られている商品に興味がなく、コンテンツにしか興味がない場合がある。だから、ページは、セールスのための「セリング」と、リンクを集めるための「コンテンツ」に分けておいてもよい。ただし、セリングでも、リンク獲得が可能なページは存在する。

［前回までのあらすじ］

ボーンの力によって、売上げを伸ばしつつあったマツオカのサイト。
しかし、売上げを伸ばす一方で、検索エンジンの順位は頭打ちとなっていた。

検索順位を上げるためには、外部からの“リンク”を
集める必要があると気付くめぐみと高橋。
そんな二人のもとに、シリコンバレーからある男が戻ってくる。

彼の名は「吉田 守」。マツオカの学生インターン。

吉田はシリコンバレーで習得したマーケティングの
ノウハウをもとに、「自然にリンクを集めるためのコンテンツ戦略」を
提案する。
しかし、その戦略はボーンに一蹴されてしまう。

ボーンは、吉田たちに真のコンテンツマーケティングを
教えるべく、その口を開くのだった。

一方、ガイル社では、「バズボンバー」という
謎の制作集団によるコンテンツ制作が
進められようとしていた・・・！

EPISODE 06

コンテンツマーケティング攻防戦

あっ、熱いっ！！！
ボーンさんのPCが・・・！！

・・・！！
ボーンの**“覚醒モード”**に合わせてクロック数が上がっているのね！

ヴェ、ヴェロニカさん！！
「覚醒モード」って一体・・・！？

ボーンの呼吸がいつもより深くなっていることがわかる？
彼は今、すべての意識を呼吸に向けているわ。
深い呼吸を行なうことで、「脳」の潜在パワーを活性化させようとしているの。

すべての意識を呼吸に・・・！？
も、もしや・・・瞑想・・・！？
かのスティーブ・ジョブズも行なっていた、シリコンバレー在住の起業家のトップ1%だけが実践している究極の集中法・・・！？

そう、彼にとっての覚醒モードは瞑想に近いわね。
ただし、彼の場合、ただの瞑想とは違うわ。
自身の脳細胞を極限まで活性化させることで、トップ1%のさらなる先、トップ0.01%だけが知る境地にたどりつけるの。

トップ0.01%・・・！？　あ、あの人は一体・・・！？

・・・伝説のWebマーケッター・・・。

で、伝説のWebマーケッター・・・！！？

覚醒モードになったボーンの脳内からは強力な「パルス波」が発せられる。
そのパルス波が彼のノートPCを起動させた。

そう、まるで、これから始まるボーンのショーを待っていたかのように。

パ、パルス波・・・！？

そ、そういえば聞いたことがあります・・・！
元々、人の脳は、脳細胞同士が情報伝達するために電気信号を使っているって・・・。

そして、ボーンのパルス波は自身の脳細胞だけでなく、ノートPCのクロック数をも極限まで引き上げる・・・！

“あれ”を作る気ね・・・！　ボーン！

はあああああああああ！！！

く・・・来るわっ・・・！！　みんな離れてっ！！

説明しよう！

「**マインドマップ**」とはトニー・ブザン（Tony Buzan）氏が提唱した思考・発想法の一つ。自分の頭の中に浮かんだアイデアなどを**地図のように可視化する方法**である。
中心となるキーワードから放射状にキーワードやイメージを広げ、それらをつなげていくことで、思考を整理することができる！

・・・うっ、くッ！！！　な、なんて風圧だ・・・！！！

きゃ、きゃああああ！！

ふ、吹き飛ばされそうだ・・・！！！
あ、あの人は一体何をしているんだ！！？

吉田君、彼のノートPCの画面が見えるかしら？

・・・！！
・・・あ、あれは、**マインドマップツール！？**

マインドマップ！！？

え、ええ、自分の頭の中に浮かんだアイデアを地図のように展開していくツールです。

覚醒モードに入ったボーンは、マインドマップツールを使って、自身の思考を次々に言語化していくの。

・・・ボーンが今作っているマインドマップはおそらく・・・マツオカの新コンテンツ案！

す・・・　すごい・・・！！

ど・・・　どんなコンテンツが生まれるんだろう・・・。

そろそろ完成するみたいね・・・！！

はあああああああ！！！！！！！

宇宙の法則が乱れるッ・・・！！

──その頃

ひゃひゃひゃ！　俺たちって天才かもしれね～ぜ！
またスゲーの作っちまった～！

伊藤すゎ～ん、今回のネタ、またまたイケてるっすねぇ♪

嗚呼・・・　今回のコンテンツも美しい・・・。

ひゃひゃひゃ！
今回は「30,000 いいね！」ってとこか～！？
ちょっといつもよりぶっ飛んじまったかな～。

まあ、遠藤さんなら、OK くれっしょ！

◆
◆

・・・！！
・・・ボーンさんのPCの熱風が収まっていく・・・！

どうやら、マインドマップは無事に完成したようね・・・。

・・・はあっ、はあっ・・・。

ボ、ボーンさん！！　大丈夫ですか！？

・・・心配ない・・・。

・・・ボーン、本当は立っているのもやっとのはず・・・。
覚醒モードは肉体を極限まで酷使する。
そこまでして、今この場で、この子たちに伝えたいことがあるのね・・・

**・・・俺のPCはしばらくは立ち上がらない。
高橋、お前のメールアドレスにPDFファイルを送っておいた。
確認しろ。**

おっ、おう、了解！

グ・・・　グフッ・・・。

ボ、ボーンさん！！　本当に大丈夫ですか！？

・・・ああ、大丈夫だ。

PDF・・・　PDFと・・・。
あっ、このPDF、さっきおっさんが作ってたマインドマップってやつか！

そうだ。拡大して表示してみろ。

これは・・・！

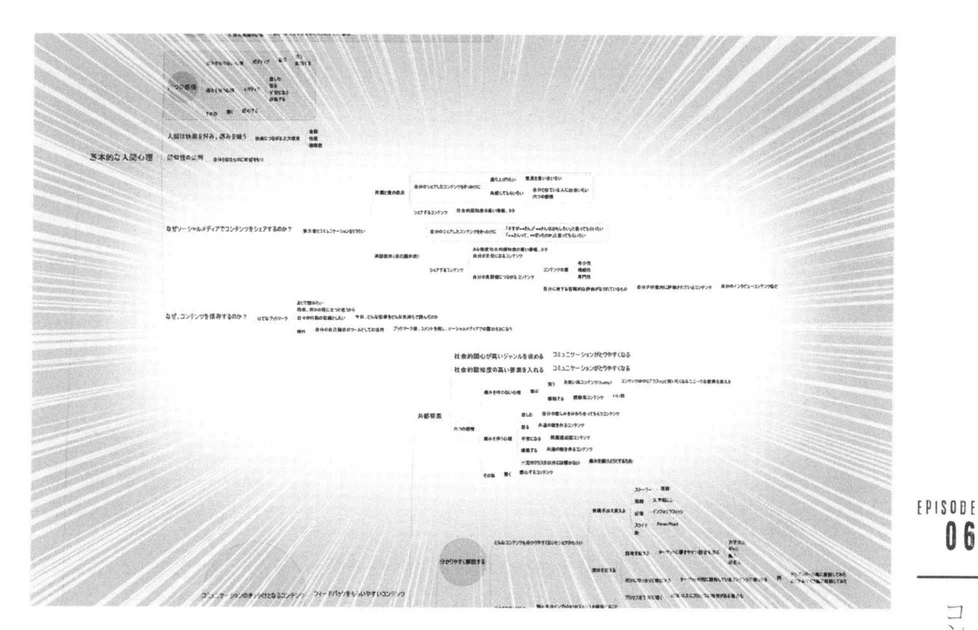

▶ このマインドマップの PDF がダウンロードできます

https://www.MdN.co.jp/di/book/3214203011/

https://www.cpi.ad.jp/bourne/images/bourne_contents_marketing01.pdf

す・・・　すごい・・・。なんてマインドマップだ・・・。
あの一瞬で、こんなマインドマップを・・・。

・・・このマインドマップには、この先、マツオカがコンテンツを作っていく上での指針となるノウハウをまとめておいた。

指針・・・？

・・・ヴェロニカ、このマインドマップの内容がわかるな？
お前から、この 3 人に説明を頼む。

・・・俺は少し眠る。

OK、ボーン。

ボーン、バトンは受け取ったわ

あ、あの、ヴェロニカさん・・・。

どうしたの？

えっと・・・。こんなことを言うのはおこがましいかもしれないんですが・・・。あの・・・。

ヴェロニカさんの説明を聞く前に、一度、このマインドマップをじっくり見させていただいてもいいでしょうか？

ええ、かまわないわ。

この子・・・。まず自分の目でインプットしようとするのね。
・・・Webマーケッターの素質がありそうね

ボーンさんの作ったマインドマップ、本当にすごいなあ・・・。

・・・！　そ、そうか・・・！
そういうことだったんだ・・・！！

くやしいなあ・・・！　僕は気づけなかった・・・！

あ・・・！
もしかしたら、ボーンはこの子のポテンシャルを見抜いていた？
だから、覚醒モードを使ってまで、自身のノウハウを伝えようとしたのね・・・。

出会った一瞬で、相手の才能を見極める洞察力。
さすがね、ボーン。

ふむふむ、なるほど・・・。
そうかー！　これは勉強になるなあ・・・。

吉田君、うれしそうね。

あっ、す、すいません・・・！！
つい、このマインドマップに見入っちゃいまして・・・。

ふふふ、いいのよ。

おいっ、吉田！
どうなんだ？そのマインドマップってやつ？

え、えと・・・。

吉田君、よかったら、このマインドマップに書かれていることを、あなたの口からめぐみさんと高橋くんに伝えてあげてくれる？

あれっ、ヴェロニカさんが説明してくれるんじゃないの？

ふふふ、私も“未来の大器”に賭けてみることにするわ。

・・・未来の大器？

・・・わかりました。
ヴェロニカさん、僕からお二人に説明してみます！

高橋さん！　めぐみさん！

ボーンさんが作ってくださったマインドマップには、マツオカのサイトの一番の課題である**「どうやって自然にリンクを集めるか？」**ということに関する答えが書かれていました。

「自然にリンクを集める」･･･って、さっき、お前、**“自己顕示欲”を攻めるといい**、って言ってたじゃん？

それじゃ、ダメなの？

はい、確かに、自己顕示欲を意識してコンテンツを作るのは大事です。

ただ、このマインドマップには、そこからさらに一歩進んだ考え方が書かれていたんです。

あ、そういえばさっき、ボーンさんは、**「funny」**ではなく**「interesting」**なコンテンツが大事、って言っていたけど、そういうこと？

はい、そこにも通じる話です。

簡単に言うと、このマインドマップには、コンテンツを作る上での本質がまとめられていたんです。

本質？

はい。

このマインドマップにはこう書かれていました。

「コミュニケーションのきっかけとなるコンテンツを作れ」と。

コミュニケーションの・・・

きっかけ・・・？

はい。
そもそも**「リンクが張られる」**ということは、言い換えると、「コミュニケーション」の一つだと考えられるんです。

？？

人は誰かとコミュニケーションをとりたいがためにリンクを張る、という考え方です。

誰かとコミュニケーションをとりたい・・・？

はい。
たとえば、めぐみさんが何かの記事を読んで、それを Twitter でシェアする時って、どういう気持ちですか？

あ、えーと・・・。
「ほかの人に教えてあげたい」っていう気持ちかな。

そうですよね。
それは言い換えると、そのコンテンツをシェアすることによって、ほかの人とコミュニケーションをとろうとしているってことなんです。

あ・・・！

マズローの欲求 5 段階説でいう、「所属と愛の欲求」も「承認欲求」も、すべて“ほかの誰か”がいてこそ成立する欲求です。
つまり、コミュニケーションを軸とした欲求なんです。

だから、コンテンツを作るときは、そのコンテンツがシェアされた際に、**“シェアした人とその周りの人との間に、どんなコミュニケーションを生み出したいか？”** を考えるといいんです！

！！

ちなみに、人はコミュニケーションによって傷つきたいとは思いませんから、原則として、ポジティブに共感してもらえるであろうコンテンツを好んでシェアします。

そして、そのポジティブな共感は、funny なコンテンツだけで起こるわけではありません。

感動を分かち合えるコンテンツだったり、お互いが成長できる知識系コンテンツだったり、問題を提起して意見を交わすきっかけになるコンテンツだったり、まさに**「interesting」**なコンテンツでも起こるんです。

そうか、そういう意味での interesting だったんだ！

ただ、その際に注意しなければならないことがあります。

それは、コンテンツのネタの**「社会的認知度」**と**「社会的関心度」**に気を配ることです。

社会的認知度 と 社会的関心度？

むむ・・・、急に難しい言葉が出てきた感じがするぞ・・・。

た、高橋君、頑張りましょう！

ははは、二人とも大丈夫ですよ。
難しいことではないんです。

簡単にいえば、コンテンツの元となるネタは、**コミュニケーションのターゲットとする人たちができるだけ興味を示しやすいネタ**の方がいいってことです。

？？

もう少しわかりやすく説明してみますね。

高橋さん、めぐみさん、お二人は次の二つのタイトルのコンテンツを見たとき、どちらのコンテンツを積極的にシェアしたいって思いますか？

① のび太の勉強机は、家具屋の視点から見ると理想的な設計だった件

② 雄介の勉強机は、家具屋の視点から見ると理想的な設計だった件

？？　のび太って、ドラえもんに出てくるのび太だよね？

雄介って誰だろ・・・？
誰だか分からないから、①の方だわ。

俺も②の雄介ってやつがよくわかんねーし、①だな。

ありがとうございます。

ちなみに、②の雄介は、僕が昔読んだことのある、某マイナー漫画に出てくる主人公でした。

はあぁ？
そんな主人公知るわけねーよ・・・。

ははは、すいません。失礼しました。

ここで、お二人に質問したいんですが、なぜ ① を選んだのでしょう？

もちろん、② の人物を知らないという理由はあったと思いますが、それ以外に理由があったはずです。

えっ・・・。
だって、① の“のび太”だったら、みんな知ってるし、話も弾むだろうから・・・。　・・・あっ・・・！

そうか！
それが社会的認知度ってやつか！

さすがです。

お二人はもうわかったと思いますが、誰も興味を示さないようなネタを投稿しても、コミュニケーションが弾まないんです。

どうせ投稿するなら、みんなが知っているネタに関連したコンテンツを投稿する方がよい。

だって、ソーシャルメディアにコンテンツをシェアする目的は、コミュニケーションをとることですから。

なるほど・・・！

だから、何かのコンテンツを作る際には、権利的に問題がないなら社会的認知度を担保する要素を入れるのもいいんです。

たとえば、**「●●風に解説してみた」**というシリーズのコンテンツは人気が出やすいですよね。

「進撃の巨人風にオーダー家具について解説してみた！」とか、そういう方向性か。

あ、そのコンテンツおもしろそうですね！
“進撃の巨人”という漫画のタイトルが、社会的認知度を担保してくれています。

確かに読んでみたいし、シェアしたくなるわ・・・！

そして、「社会的認知度」以上に重要なのが、**「社会的関心度」**です。

実は、ソーシャルメディア上で“受けやすいジャンル”ってある程度決まっているんです。

受けやすいジャンル？

ものすごくシンプルにいえば、たとえば・・・「食欲」「性欲」「睡眠欲」という三大欲求に関するコンテンツは、誰もが興味をもちやすいです。

また、生活の三大要素である「衣」「食」「住」に関するコンテンツも興味をもってもらいやすいですね。

なるほど・・・。

はい。
そういった、多くの人が興味をもっているジャンルを、ボーンさんは「社会的関心度の高いジャンル」としてマインドマップ上にまとめてくれていました。

たとえば、「住」に関してだけでも、掘り下げるといろいろなジャンルが出てくるんです。

部屋、インテリア、お洒落、家具、照明、デスク、椅子、レイアウト、便利、収納、片付け、賃貸、デザイナーズ、オフィス、オフィスデザイン・・・などなど・・・。

へえええ、すごいマインドマップだな・・・。

これらの社会的関心度の高いジャンルに、社会的認知度の高い要素を加え、そして、コミュニケーションのきっかけとなる内容や演出を意識する・・・。

それができれば、シェアされやすい **“interesting”** なコンテンツの完成です！

なるほどっ！！
頭の中がすげー整理されたぜ！　さすがボーンのおっさんだ！

なんだか、私たちでもコンテンツを考えられそうな気がしてきた・・・！！

どうやら、コンテンツマーケティングの最初の関門はクリアできそうだな。

ボーンさん！！

ボーンさん、大丈夫ですか！？
もう少し休まれた方がいいのでは・・・？

身体は回復した。もう大丈夫だ。

ボーンのおっさん！

このマインドマップってやつ、めっちゃわかりやすいぜ！！

おっさんが「funny」じゃなく「interesting」って言った意味がようやくわかったぜ！

そうか。

ふふふ。

よし。では、次の関門だ。
お前たち３人で３週間以内に、リンクの集まるブログ記事を一つ作ってみろ。
確か、作りかけのブログがあったはずだ。

えっ！？　お、俺たち３人で・・・！？

大丈夫よ。
あなたたちならできるわ。

で・・・　でも・・・。

めぐみさん！大丈夫ですよ！　この僕と高橋さんがついてます！
3人でコンテンツを作ってみませんか？

お、おお、そ・・・そうだな！　吉田もいることだし・・・。
よし・・・！　いっちょやってみっか！

う・・・　うん！！

決まりね。

よし、俺とヴェロニカは3週間後にまた来よう。
お前たちのコンテンツ、楽しみにしているぞ。

はいっ！！！

――1週間後、都内のある病院

そうか・・・。めぐみは頑張ってくれていたんだね。
サイトの売上げが回復したと聞いてビックリしたよ。

めぐみは父「英俊」が入院している都内の病院に来ていた。
売上げ減少による心労が原因で倒れた英俊の体調は、徐々に回復していた。

めぐみはそんな英俊にマツオカのサイトの状況を報告しに来たのだった。

お父さん、ごめんね。
サイトのことをなかなか話せてなくて。

本当はもっと前から売上げが回復していたんだけど、ぬか喜びさせちゃいけないと思って、成果がしっかり出てから伝えようと思ってたの。

いやいや、いいんだよ。
めぐみが頑張ってくれているのはわかっていたよ。

それにしても、本当に驚いたよ・・・。
順位が戻っただけでなく、まさか、いつの間にかサイトもリニューアルしてたなんてね。
めぐみはホームページ運営の才能があるんじゃないか？

そんな・・・、私なんて、まだまだだよ。

でも、今回、ホームページをいろいろと触ってみて、お父さんがどれだけ苦労してきたかがわかってきたつもり。
早く退院して、いろいろ教えてね。

あ、今日はね、実はもう一つ報告があって・・・。

報告・・・？

・・・実はね、お父さんにずっと黙っていたんだけど・・・。
マツオカのサイトの集客、今、“ある人”に手伝ってもらっているんだ。

ある人・・・？

「ボーン・片桐さん」っていって、すごい人なの。

ボーン・・・片桐・・・？

うん、Twitter 経由で知り合った人なんだけど、うちが困っていることを伝えたら、力を貸してくださるようになって・・・。

噂では、世界最高の Web コンサルタントみたい。

世界最高・・・？？　そりゃあ、すごい。

お父さん、“コンサルタント”っていう言葉を聞くだけで拒絶反応しちゃいそうだったから、今まで言わなかったんだけど、本当にすごい人なのよ。

クールで、頭がよくて、たくましくて、優しくて・・・。

・・・おや？
もしかして、めぐみはその人に惚れているんじゃないかい？

バ・・・　バカ言わないで！

ボーンさんにはね、もう、ヴェロニカさんっていうとっても素敵なパートナーがいるんだから！！

ははははは・・・、慌てるところが怪しいな。

ちょっと！　お父さん！　いい加減にしてよ！

ははは・・・。
まあ、なんだ、実際にうちのサイトを救ってくれたというのはすごいじゃないか。
相当優秀な人なんだろうね。

・・・ただ、私がガイルマーケティングとかいう会社の担当者に騙されたように、お前もその人に騙されてなければよいのだが・・・。

大丈夫よ。
私だけじゃない、高橋くんや、最近アメリカから戻ってきた吉田くんも信頼している人よ。
お父さんが退院したら、ぜひ一度会ってみてほしいわ。

ははは、退院後の楽しみが増えたよ。
あ、そのコンサルタントさん、ボーンさんだったかな。
お名前を聞く限りでは、純粋な日本人、というわけではなさそうだね。

うん、そうなの。
ボーン・片桐さんは、元々、アメリカにいたそうだけど、数年前に日本へ来たんだって。
年は35歳くらいで、すっごく筋肉モリモリなの！

・・・ん？　片桐・・・。アメリカ・・・。

あれ？
もしかして、お父さんの知り合い・・・？

い、いや・・・。
日系アメリカ人の方なんだね。

ボーン・片桐・・・まさか・・・、いや、そんなはずはない・・・。
そんなことがあったら、天文学的な確率だ・・・

お父さん？　どうしたの？

あ、ああ、す、すまない、少しボーッとしていたよ。

まだ体調がちょっと優れないみたいね。
今日は帰って、また来るから、体調が悪くなったら、すぐに看護師さんに伝えるんだよ。

あ、ああ、そうだな。

じゃあね、お父さん、またすぐ来るから。

ボーン・・・　片桐・・・。

―そしてさらに2週間が過ぎた

さて、約束の期日ね。
コンテンツはどんな感じかしら？

へっへっへ～。

こんなコンテンツを作りました！！

これは・・・！？

なるほど、おもしろい。

このコンテンツは「三つの要素」を意識しています！

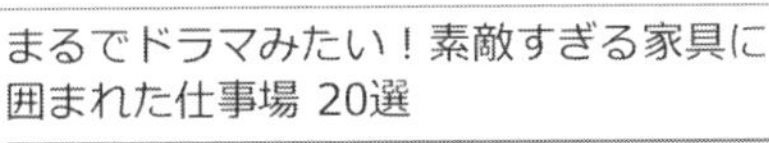

まるでドラマみたい！素敵すぎる家具に囲まれた仕事場 20選

14/7/2 [インテリア]　ツイート 5　ブックマーク 1　8+1 2　いいね！ 11

■Office Furniture

道玄坂にあるこちらのオフィス。今年3月に移転したばかりの真新しい家具たちの並ぶ社内は、社員のみなさんのこだわりの詰まった楽しい空間。
統一感よりも個性を重視し、それぞれが働きやすく自分の趣味で選んだ机や椅子が並んでいる様子はまるでオモチャ箱のよう。今回、お邪魔させていただいた時にも、何が飛び出してくるのかとワクワク感でいっぱいでした。

(from. Office Furniture さん)

■株式会社 カーグ

まるでドラマみたい！素敵すぎる家具に囲まれた仕事場 20選

オーダー家具「マツオカ」のスタッフブログ始めました！

ツイート　フォローする

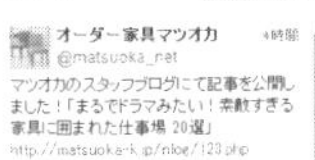

オーダー家具マツオカ　4時間
@matsuoka_net
マツオカのスタッフブログにて記事を公開しました！「まるでドラマみたい！素敵すぎる家具に囲まれた仕事場 20選」
http://matsuoka-k.jp/nloe/123.php

オーダー家具マツオカ　8時間
@matsuoka_net
本日のマツオカは、オーダーデスクのご依頼をいただきました！写真は製作中の様子です。こっそりお見せします！pic.twitter.com/d23sefdf

オーダー家具マツオカ　13時間
@matsuoka_net
オーダー家具マツオカのスタッフブログを始めました！

オーダー家具マツオカ　6月30日
@matsuoka_net
マツオカのTwitterを久々に再開しました！皆さんどうぞ宜しくお願いいたします！

オーダー家具マツオカ　4月8日
@matsuoka_net
マツオカのオーダー家具を本日納品してきました！本日はキッチン台です。お客様のこだわりが随所に感じられるキッチン台で

@matsuoka_netさん宛にツイートする

えーと・・・。まず、複数の情報を一度に紹介することで、選択によるコミュニケーションを発生させ、**「あなたはどれが好き？」**という感じで、ほかの方と会話したくなるポイントを増やしてみました！

それと、コンテンツの専門性を担保するために、家具屋のプロである「マツオカ」ならではの視点で家具を選んでみたぜ！
それにより、マツオカのブランドも向上するはずだよな！

そして、実は、この記事で紹介している20個の画像の中には、マツオカの家具を使った仕事場も紹介しています。
それによって､マツオカの商品訴求も同時に行なえると思いました。

あ、もちろん、商品訴求に関しては、ステルスマーケティングの類いにならないよう、マツオカの家具であることをしっかり解説しています！

よく考えたわね。偉いわよ、3人とも。

ヴェロニカさん・・・！

へへへ～。

このコンテンツ、明後日公開しようと思っています！
一気にバズらせて、リンクをたくさん集めてみせます！

楽しみにしてるわ。

・・・。

●

●

●

――そして、2日後

今日が公開日ね。
どう？　記事はたくさんシェアされてる？

・・・。

・・・？　どうしたの？

俺たちの記事・・・。
全然、シェアされてない・・・。

吉田君、高橋君！
ま、まだ記事は公開したばかりだし、きっとじわじわクチコミされるわよ。元気出して！

・・・あっ！！！

ど、どうしたんだ！？　吉田！？

今、Twitterを見てたら偶然流れてきたんですが、今日、他社のサイトですごくバズっているコンテンツがあるみたいです・・・。

ど、どれだ！！？　こ、これか・・・！！

う、うわあああああ！！
な、なんだよ、このシェア数！！！

えっ、こ、このURLって、「オーダー家具」で1位の「オーダー家具比較.com」のドメインじゃあ・・・。

「オーダー家具比較.com」はガイル社の運営するサイトだな。

ガ、ガイル社の・・・！？

あっ！！　こ、このページのコピーライト・・・！！！

バ・・・　バズボンバー！！！？

・・・・！

こ、こいつら、よりによって、なんで今日公開してるんだよ！！

『市販の家具とオーダー家具で、どちらがゾンビを食い止められるか検証してみた！』

く・・・　くそ・・・！！
悔しいけど・・・　相変わらず・・・　おもしろい・・・！！

く、くそー！！！
やっぱり、「funny」なコンテンツには勝てねーってのか・・・！！

いえ・・・　ただ「funny」なだけじゃないです。
バズボンバーはセンス抜群です・・・。

ホラー映画を観ていると、家に入ってくるゾンビを食い止めるために、家のドアの前に家具を集めるシーンはよくあるけど、その「誰もが思い出せるシーン」をうまくコンテンツにしているわね。

おもしろい切り口だわ・・・。

でも、最後まで読み進めると、結局、「オーダー家具ではゾンビは食い止められないので、オーダー武器を注文しよう」というオチだから、なんだかよくわからないことになっているけれど・・・。

で、でも、なぜ、バズボンバーのコンテンツだけクチコミされるの・・・！？
私たちのコンテンツも悪くないと思うのに・・・。

バズボンバーは「露出経路」をもっているからだ。

露出経路・・・！？
そ・・・　そうかっ・・・！！！

どういうことだ！？　説明してくれよ！

僕たちはコンテンツを作ることに没頭しすぎて、一番肝心なことを忘れていました・・・。

どんなに素晴らしいコンテンツも露出しなければ意味がない、ってことに・・・！！

そうだ。バズボンバーの武器はコンテンツ力だけではない。奴らは「ソーシャルメディアの拡散力」も持っている。

ソーシャルメディアの・・・。

拡散力・・・！？

バズボンバーのメンバーは各人がTwitterを使っていて、各アカウントにたくさんのフォロワーがいる・・・。

いや、それだけじゃない、業界には彼らのコンテンツを楽しみにしている Web クリエイターがたくさんいて、彼らもまた、大きな影響力を持っている・・・。

それに引き換え、マツオカの Twitter アカウントのフォロワー数は 70 ほど。
とても太刀打ちできる数じゃない・・・！！

一体、どうすれば・・・！！？

答えは簡単だ。「露出経路」をつくれ。

露出経路を・・・

つくる・・・！？

安心しろ。
お前たちの作ったコンテンツは無駄にはならない。

作るぞ、露出経路を！

自然なリンクを増やすべく、渾身のコンテンツを公開しためぐみたち。
しかし、そのコンテンツは無情にも、ソーシャルメディアでは
ほとんどクチコミされなかった。

すさまじいバズを集めるバズボンバーのコンテンツ。

果たして、めぐみたちは、バズボンバーのコンテンツに打ち勝ち、
サイトの検索順位を上げることはできるのか！？

── 次回、沈黙の Web マーケティング

EPISODE 07 「真実のソーシャルメディア運用」

今夜も俺のインデックスが加速する・・・！

感情を動かすコンテンツを作る！

リンクを自然に集めるためには、コンテンツの力が不可欠であり、そのコンテンツは、人間の心理に響くコンテンツでなければいけません。シェアされやすいコンテンツについて、さらに具体的に考えてみましょう。

広報・吉田

人間には6つの感情がある

人は何かのコンテンツをシェアするときは、マズローの欲求五段階説における「所属と愛の欲求」と「自己顕示欲」が動機となっています。その上で、人間には大きく分けて、6つの感情があるといわれています。

以下はその感情をまとめた表です。ソーシャルメディアではこれらの感情がベースとなり、他者の「共感」を期待してコンテンツがシェアされます。

大分類	中分類	小分類
痛みを伴わない心理（ポジティブ）	喜ぶ	うれしい、楽しい、笑える、感動する、幸せに感じる、爽快に感じる、安心する、満足する
痛みを伴う心理（ネガティブ）	悲しむ	失望する、嘆く、情けないと感じる、辛いと感じる、後悔する、屈辱に感じる、落胆する、失望する
	怒る	不愉快に感じる、文句を言う、叱る
	恐怖・不安に思う	心配する、恐ろしいと感じる、不気味に感じる
	嫌悪する	憎む、嫉妬する、飽きる
その他	驚く	感心する、ショックを受ける、呆れる

人間は根源的には「快楽を好み、痛みを嫌う」生き物です。そのため、痛みを伴わないコンテンツの方が積極的にシェアされます。

実は、「おもしろコンテンツ」が共有されやすい理由がそこにあります。おもしろコンテンツは喜びにつながるコンテンツであり、周りの人に笑いを与え、幸せな気持ちにさせてくれるからです。テレビのバラエティー番組なども、基本は笑いや感動を意識した構成になっています。視聴者が痛みを感じない構成になっていることで、多くの視聴者のハートをつかんでいるわけです。

そのため、特別な事情がない限りは、痛みを伴わないコンテンツを意識しながら、コンテンツマーケティングを進めていくことが重要です。

誰かを不幸にするコンテンツであってはいけない

おもしろコンテンツには様々な形がありますが、誰かを笑い者にしたり、商品やブランドのファンの気持ちを無視したコンテンツはよくありません。誰かを不幸にするコンテンツは、長期的なブランディングにおいて、足枷となります。

図1 interestingなコンテンツの一例「ナースが教える仕事術」

そのため、おもしろコンテンツを作るときは、「誰かを不幸にすることなく、皆が笑顔になれるコンテンツ」という高いハードルを設定する必要があり、作り手のセンスが重要となります。実は、人を不快感なく笑わせるということは、非常に高いスキルが必要なのです。

そこでオススメしたいのが、funnyな（こっけいな、ふざけた）おもしろコンテンツではなく、interestingなコンテンツを作ることです。たとえばノウハウを取り上げたコンテンツなどはよいでしょう。「なるほど、そうだったのか！」と人々の関心を集め、「勉強になった！」という満足感を感じてもらえれば、人は喜んでシェアするのです。

シェアされやすいコンテンツのパターン

シェアのされやすさはシェアする側の欲求をどれだけ刺激できるかで決まります）表1 。

> **自社のコンテンツのジャンル×シェアする側の欲求の刺激度**
> **＝　シェアのされやすさ**

コンテンツをシェアする人は、周りのユーザーと何らかのコミュニケーションをとることで、自分の欲求を満たそうと考えます。そのため、自分がシェアしたコンテンツに、どれだけ多くの人が興味を示したかを気にする傾向があり、そこから逆算すれば、コミュニケーションの観点では、多くの人が興味を示す、「社会的関心度」の高いジャンルのコンテンツが好まれやすいといます。

また、「社会的認知度」の高い言葉が含まれたコンテンツも、多くの人を注目させる効果があります 表2 。

欲求	欲求を刺激するコンテンツパターン		
「自己顕示欲」を刺激する	質の高いコンテンツ（自分はこんなにすごい情報を知っているのだという自己顕示）	希少性のあるコンテンツ	知る人ぞ知る系コンテンツ。鮮度の高いコンテンツ
		権威性のあるコンテンツ	○○で有名な人が書いた系コンテンツ
		専門性のあるコンテンツ	どこよりも詳しい系コンテンツ
			専門的なまとめ型コンテンツ
	自分が主役になれるコンテンツ	自分の性格診断などを返してくれる、占いや診断系コンテンツ	例：吉田守さんは○○タイプです
		自分がインタビューされたコンテンツ	
「所属と愛の欲求」を刺激する	いろいろな価値観の人を巻き込めるコンテンツ	まとめ型コンテンツ	例：思わず住みたくなるお洒落な部屋まとめ（私はこれがいいなあ。いやいや、僕はこれがいいよ、的に言い合える）
	一緒になって楽しめるコンテンツ	思わず笑えるおもしろ系コンテンツ	例：勢いで着ぐるみを着て出社したら大変なことになった
	突っ込み合えるコンテンツ	統計型コンテンツ	例：都道府県別バストサイズ

表1 欲求を刺激するコンテンツのパターン

用語	説明
社会的関心度	多くの人がそのジャンルにどれだけ感心をもっているかを示す指標。大きなジャンルでは、人間の三大欲求である「食欲・性欲・睡眠欲」というジャンルや、生活の三大要素である「衣・食・住」というジャンルが、社会的関心度が高いといえる
社会的認知度	その言葉やブランドがどれだけ認知されているかを示す指標。漫画やアニメの登場人物名や、映画のタイトル、有名なブランド名などは、社会的認知度が高いため、その言葉が含まれているコンテンツは注目されやすい

表2 社会的関心度と社会的認知度

社会関心度の高いジャンルのリスト

サイトによって扱うジャンルは異なりますが、社会的関心度の高いジャンルと掛け合わせたコンテンツを生み出すことで、コンテンツはシェアされやすくなります。

社会的関心度の高いジャンルを表にまとめてみましたので、コンテンツプランニング時の参考にしてください。

カテゴリ	連想されるジャンル／ワード			
三大欲求	食欲	グルメ		
	性欲	恋愛	モテ	
		美人	画像	
		イケメン	画像	
	睡眠欲	快眠		
生活の三大要素	衣	ファッション	服飾	
			雑貨	
			メイク	
			髪型（ヘアスタイル）	
	食	グルメ	レシピ	美味しい
				簡単
			ジャンル	
			お店	
			食品	お取り寄せ
			酒	ノンアルコール
	住	インテリア	部屋	お洒落
				家具
				便利
				収納
		賃貸	デザイナーズ	
		オフィス	オフィスデザイン	
		不動産		
仕事	経営	起業	フリーランス	
			スタートアップ	
		就職		
		ビジネスモデル	アイデア	
			プロセス	成長
				成功と失敗
		法務	著作権	

カテゴリ	連想されるジャンル／ワード			
仕事	仕事術	アイデア	考察	
			分析	
		ビジネスハック	コミュニケーション	営業
			話し方	
			文章術	メール
			プレゼン	企画書
				スライド
			企画書	統計
				グラフ
		モチベーション	制度	
			オフィス	
	人材育成	組織	部下	
	マーケティング	広告		
生活・人生	自己啓発	ライフハック	お役立ち	雑学
		英語	英会話	
			TOEIC	
	健康	目の疲れ	眼精疲労	
			視力回復	
		肩凝り		
		腰痛		
		睡眠	睡眠不足	
			快眠	
		メンタルヘルス	ストレス改善	
		美容	ダイエット	
			小顔	
			お腹痩せ	
			下半身痩せ	
			二の腕	
			美肌	
			小顔	
			メイク	
			髪型（ヘアスタイル）	
			老化予防	ほうれい線
		医療	病気	予防
		レシピ		

カテゴリ	連想されるジャンル／ワード			
生活・人生	コミュニケーション	恋愛	結婚	プロポーズ
			モテ	
		育児	教育	受験
		トラブル	離婚	姑
			人間関係	友人・知人
				異性・恋人
			職場	上司
				同僚
	考え方	心理学	占い	
			血液型	
		名言		
		マナー		
	ショッピング	通販	激安	
		フリマ		
	マネー	節約	貯金	
			家計	家計簿
			ポイント	
			通信費	
		ネットビジネス	アフィリエイト	
ツール	ガジェット	タブレット	iPad	
			Kindle	
		スマートフォン	iPhone	カスタマイズ
			Android	カスタマイズ
			使い方	
			アプリ	ゲーム
		カメラ	一眼レフ	
		Mac	スペック	
		PC	スペック	
	アプリ	OS	Windows	
			Mac	
			Android	
			iOS	
		エクセル		
		パワーポイント		
		ワード		
		ブラウザ	Chrome	
		Evernote		
		Keynote		
		ゲーム		

カテゴリ	連想されるジャンル／ワード			
趣味・娯楽	有名人	番組		
		レビュー	考察	
		人生観		
	テレビ	番組		
		レビュー	考察	
	書籍	レビュー	考察	
		マンガ		
	ゲーム	レビュー	考察	
		攻略		
		実況		
	漫画・アニメ	名作	アニソン	
		レビュー	考察	
		声優		
		二次元	萌え	同人
				コミケ
			コスプレ	
	映画	名作	泣ける	
		レビュー	考察	
	音楽	ライブ		
		楽曲	結婚式	
			ボカロ	ボカロＰ
		演奏	ボーカル	歌ってみた
			ピアノ	弾いてみた
		作曲	編曲	アプリ
		ミュージシャン		
		レビュー	考察	
	スポーツ	サッカー		
		野球		
		トレーニング	ダイエット	
	レジャー	旅行	ホテル、旅館	格安
		旅行記		
	写真	カメラ		
		撮影	テクニック	
		モデル	女子	
			素材	フリー素材
	イベント	オフ会		
	動物	猫		
		可愛い	もふもふ	
	科学	研究		

カテゴリ	連想されるジャンル／ワード			
趣味・娯楽	ネットの話題	オカルト	都市伝説	
		2ch	まとめサイト	
		ネタ		
Web関連	Web 制作	Web デザイン	素材	写真素材
				フォント
			ツール	Photoshop
				エディタ
		UX	UI	ユーザビリティ
				AB テスト
		サーバー		
		セキュリティ		
		eコマース		
		CMS	WordPress	
		文章術	ライティング	
		コーディング	ツール	
		プログラミング		
		データベース		
	マーケティング	SEO		
		リスティング広告		
		アクセス解析	Google アナリティクス	
		コンバージョン	EFO	

コンテンツマーケティングの成功事例

ここからは、筆者の会社である株式会社ウェブライダーが手掛けたコンテンツマーケティングの成功事例をいくつかご紹介しましょう。

東京エクセル物語
https://www.hello-pc.net/excel-story/

Excel の関数の使い方を、恋愛ドラマ仕立てで解説しているコンテンツ。個別指導のパソコン教室「ハロー・パソコン教室」が提供。「恋愛」という社会的関心度の高いテーマを取り入れ、読む側の心理障壁を下げている。また、同コンテンツでは、テーマソングである「私の心の中の関数」の動画が YouTube に公開されており、再生回数は 10 万回に達する勢い

沈黙の Web ライティング
https://www.cpi.ad.jp/bourne-writing/

本書『沈黙の Web マーケティング』の続編にあたる Web コンテンツ。
Web ライティングに必要なノウハウをストーリー仕立てで学べる。『沈黙の Web マーケティング』では集客しきれなかったユーザー層を集客するために作られた。「文章術」に関するさまざまなワードで上位表示している。

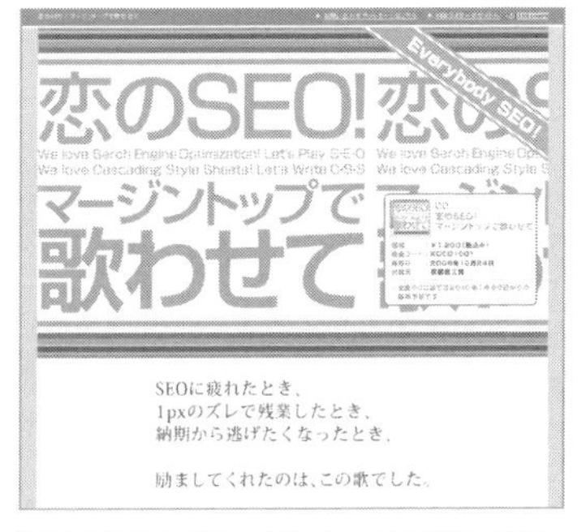

恋の SEO ！／マージントップで歌わせて
http://www.web-rider.jp/koinoseo/

SEO の知識を歌で覚えよう！という試みで作られた楽曲を Web 上で紹介。楽曲は YouTube にも投稿されており、マニアックなテーマにもかかわらず、5 万回以上の再生回数を記録。「歌」という社会的関心度の高い要素を用いている

知らないと損をするサーバーの話
http://www.cpi.ad.jp/column/

レンタルサーバーに関するノウハウを、5 話構成でわかりやすく解説しているコンテンツ。重要なノウハウを一度にまとめているため、一度にノウハウを学びたいユーザーからの評価は高い。「503 エラー」「WordPress」「コンテンツマーケティング」といったワードで検索結果で上位表示している。レンタルサーバーの「CPI」が提供

「わかりやすさ」を徹底的に意識する

コンテンツマーケティングの成功事例をいくつか取り上げましたが、どのコンテンツにも共通していえるのが“わかりやすい”ということです。コンテンツマーケティングにおいては、この“わかりやすさ”を徹底的に意識しなければなりません。わかりやすくなければ、読んでもらえませんし、シェアされないからです。

このわかりやすさには、内容自体のわかりやすさと、「見やすさ」「読みやすさ」といった演出手法としてのわかりやすさがあります。コンテンツをリリースする際は、どう演出すればもっとわかりやすくなるのかを常に考えるようにしましょう。

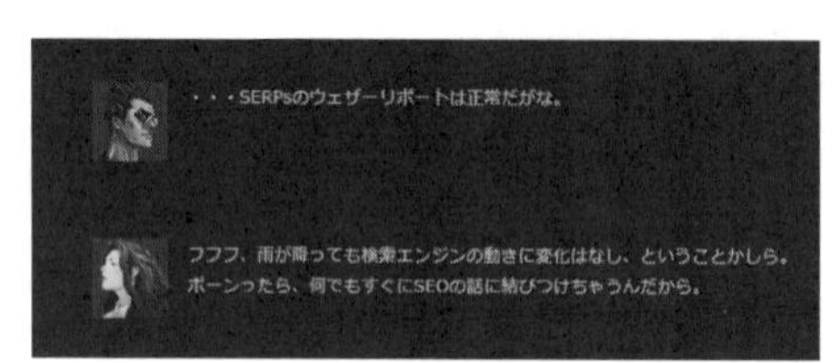

話者のアイコンを使い、「会話調の表現」を取り入れることでも文章は読みやすくなる。アイコンとセットになった会話調の表現は、マンガっぽさを演出することができ、読み手の心理障壁をグッと下げる効果がある

吉田守のまとめ！

■「コミュニケーションのきっかけ」になるコンテンツはシェアされやすい

コンテンツをシェアする人たちの中には、「このコンテンツを介して誰かとコミュニケーションをしたい」と考える人たちがいる。そのため、シェアされるコンテンツを考える際は、「シェアする人とその周りの人との間に、どんなコミュニケーションを生み出したいか？」を意識する。

■“interesting”なコンテンツを作る

“funny”なおもしろコンテンツは作り手のセンスが問われ、外したときのダメージが大きいが、“interesting”なノウハウ系コンテンツは中長期的に支持されやすい。

■みんなが興味を持つ“テーマ”や“キーワード”をコンテンツに含める

「社会的関心度」の高いジャンルを扱ったり、「社会的認知度」の高いキーワードを取り入れたコンテンツは、多くの人の“自分事”になりやすいため、興味をもってもらいやすい。

［前回までのあらすじ］

渾身の企画をもって公開されたマツオカの Web コンテンツ。

しかし、そのコンテンツはバズボンバーが公開したコンテンツの影に沈み、
ソーシャルメディア上ではほとんどシェアされなかった。

落胆するめぐみたちを前に、ボーンは静かに口を開く。
マツオカのコンテンツがシェアされなかったのは、
露出に失敗していたからだ、と。

どんなに優れたコンテンツも、露出しなければ拡散されない。

ボーンはめぐみたちに「露出経路」を
作ることを命じるのだった・・・！

真実のソーシャルメディア運用

EPISODE 07

ええっ！？
ソーシャルメディア上に
露出起点を作る・・・！？

それって、もしかして・・・。
今マツオカが運用しているTwitterアカウント以外に、別のアカウントをつくるってことですか？

そうだ。

た、確かに、Twitterアカウントを増やして運用すれば、露出は増えそうですが・・・。
でも・・・。

でも？

今のマツオカのアカウントでさえ運用がうまくいっていないのに、どのように運用していけば・・・。

あ、そうだ！　Facebookページはどうなんだ！？
Facebookページの方が運用しやすい気がするけどな！

・・・Facebookページの運用はあと回しだ。
Twitterアカウントの運用を強化する。

・・・えっ・・・！？

な、なぜ、Facebookではなく、Twitterにこだわるんですか！？

・・・それはあとで話す。

Twitter・・・。

どうかした？

あ、あの・・・　私・・・。
Twitterの運用に自信がないんです・・・。

マツオカのアカウントを半年くらい運用し続けてきたんですが、フォロワーはほとんど増えないし、つぶやく内容にも困っていて・・・。

マツオカのアカウントを見せてくれる？

は、はい。このアカウントです。

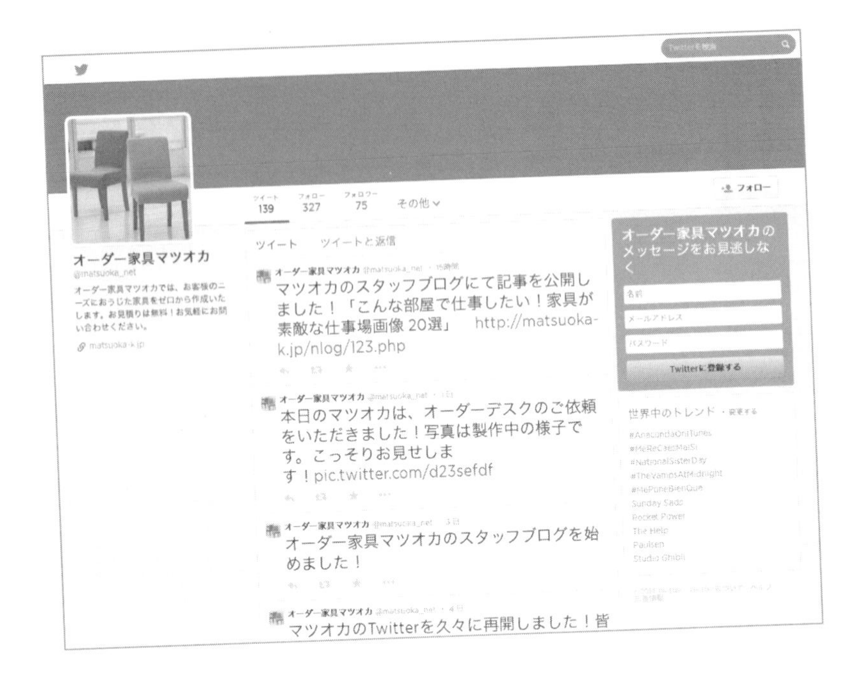

このアカウント、つぶやいてもつぶやいても、フォロワーさんからのリアクションがなくて・・・。
それでモチベーションが下がってしまって・・・。すみません・・・。

なるほどね。
確かにこのアカウントじゃ、フォロワーからのリアクションがないのは当然ね。

・・・えっ！？

このアカウントの運用が上手くいかないのはね、フォロワーとの**「コミュニケーション」**がとれていないからよ。

コミュニケーション・・・！？

たとえば、このアカウントのつぶやきは、ほとんどが自社の宣伝ばかり。
こんな宣伝ばかりのアカウントを見て、誰が絡みたいって思う？

・・・あっ・・・！

もし、このアカウントのフォロワーがマツオカの家具の熱烈なファンばかりなら、一方的な宣伝をしても問題ないわ。
でも、フォロワーの顔ぶれを見る限り、そうではなさそうね。

は、はい・・・。
フォロワーさんのほとんどは、私がフォローをしたあとにフォローを返してくださった方ばかりです・・・。

そうだと思ったわ。
ということは、**「マツオカの家具には興味がないフォロワー」**が多そうね。

う・・・うう・・・。

もし、マツオカが超有名な企業なら、ある程度好きなつぶやきをしても、フォロワーは興味を持って接してくれる。

超有名というだけで、ファンのコミュニティは自然発生するし、有名人に絡めるというだけで自己顕示欲が満たされるユーザーって多いの。

・・・でも、マツオカは有名な企業じゃない。

はい・・・。

だから、アプローチとしては、有名人の真似をしていてはダメよ。
自分から積極的にユーザーとコミュニケーションをとっていく必要があるの。

・・・！！

ただし、注意すべき点はコミュニケーションのとり方よ。

めぐみさん、以前、吉田くんが「販売サイト」と「リンクが集まるコンテンツ」を分けるという話をしていたのを覚えてる？

販売サイト、つまり、セールスにつながるもののことを、私たちは「セリング」と呼ぶけれど、通常、コミュニケーションはセリングでは成立しにくいの。

だから、**「コンテンツ」**を介してコミュニケーションを行なう必要がある。

コンテンツを介して・・・！？

そう。
相手の会社の商品やサービスに興味がなくても、その相手が発信している「コンテンツ」に興味を持つユーザーは多いの。

そ、そういえば、先日ボーンさんからいただいたマインドマップにも、**「コミュニケーションのきっかけとなるコンテンツを作れ」**と書いてありましたね・・・！

そう。
Twitterで何かをつぶやくときは、**「そのつぶやきでどういうコミュニケーションが生まれるのか？」**を考えながらつぶやくといいわ。
コンテンツを考えるときと同じね。

たとえば、何かのWebコンテンツをTwitterでシェアするときは、そのコンテンツをきっかけとして、どんなコミュニケーションを起こしたいかを考えるの。

なるほど・・・。

ただ、問題は、こちらがアクションをとった時に、周りの人がコミュニケーションをとろうと近寄って来てくれるかどうかね。

実は、多くのTwitterユーザーは、**「絡んでいいかわからない雰囲気」**を自分から出してしまっているケースが多いの。

絡んでいいかわからない雰囲気・・・！？

学校のクラスにいるちょっとスマした同級生、みたいな感じか。

あら、高橋君。上手く表現したわね。

いや～、それほどでも。

じゃあ、そのスマした同級生がたくさんいる教室をイメージしてみて。

・・・。 うわ・・・ 想像しただけで息が詰まりそうだ・・・。

でしょ？
本当は誰かに絡んでほしいけれど、それを自分から言い出せなくて、ひたすらに自分の独り言を発信している人が集まる場所、それがTwitterだったりするの。

えー！？ 超面倒くさい・・・。

もちろん、Twitterユーザーの中には、情報収集目的と割り切って、誰ともコミュニケーションせずに情報をウォッチしている人もいるわ。

ただ、誰かとコミュニケーションをとりたくて使っているユーザーは多いの。だから、「人事ったー」のようなサービスが人気になっちゃうわけね。

説明しよう！

「**人事ったー**」とは、自分が誰にフォローされたか、誰にフォローを外されたかの情報を毎日記録するWebサービスである。2014年12月現在、そのユーザー数は29万を超え、今も増え続けている！

▶ **人事ったー V2.5**
http://www.jinjitter.jp/

「自分が誰にリムーブされたか」を気にする方って、こんなにたくさんいるんですね・・・。

そうなのよ。
でも、その割には他人へ絡むことに抵抗を持っているユーザーが多い。だからね、Twitterでコミュニケーションを加速させるのであれば、シンプルにこう行動してみるといいわ。
自分から相手に絡んでいくのよ。

自分から相手に絡んでいく・・・！？

そう。たとえば、めぐみさんがフォローしている相手のツイートが素敵だと思ったら、そのことを**「@(メンション)」**などで伝えてあげるの。

また、相手がブログを持っていて、記事更新の告知をしていたら、その記事を読んだ感想も**「@(メンション)」**などで伝えてあげるの。

そういったことを繰り返していれば、マツオカのアカウントに好意的な感情を抱くフォロワーが増えるわ。

で、でも、私にそんなコミュニケーションができるのかが不安です・・・。

大丈夫よ。
大切なのは、相手に**「誠実な関心」**を寄せること。
自分に関心を寄せてくれている人を嫌う人なんて、いないわ。

誠実な関心・・・!?

そう。誠実な関心。
上っ面だけのコミュニケーションではなく、相手のコンテンツを誠意をもって評価し、その感想を伝えるの。

伝えるべき感想はポジティブな感情であればあるほどいいわ。
誹謗中傷などはダメよ。

そうか・・・!
Twitterを使う多くの人は「承認欲求（自己顕示欲）」がベースとなっている。

自分のことをもっと見てもらいたい、自分のツイートに反応してほしい、そういう思いでつぶやいている人は多い・・・。

そう。みんな自分のコンテンツに興味を持ってもらえると嬉しいの。

まさに、**「マズローの欲求５段階説」**のピラミッドにおける「所属と愛の欲求」と「承認欲求」ですね・・・!

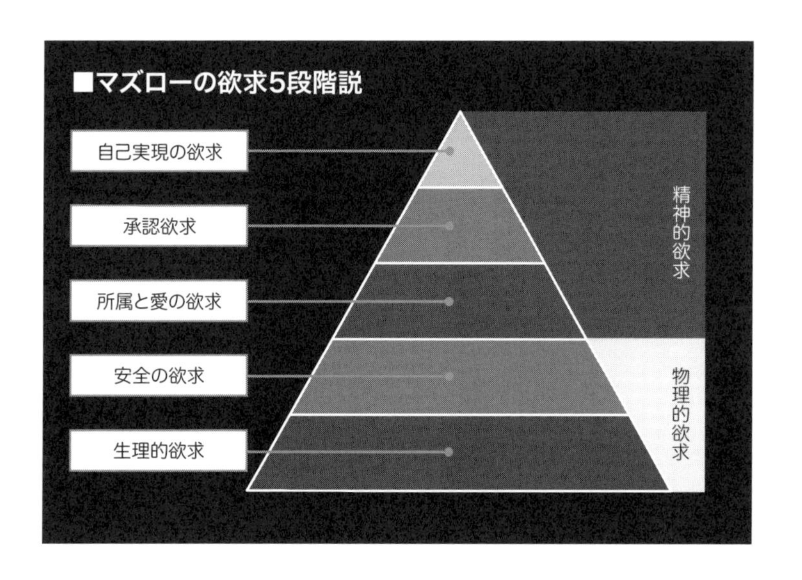

そうよ。
相手の欲求を叶えてあげることで、相手はこちらに好意を抱くわ。そうなれば、**「返報性の原理」**が生まれてくる。

相手のコンテンツを紹介すればするほど、こちらのコンテンツを紹介してくれる人も増える、ということなの。

説明しよう！

「返報性の原理」とは、人は他人から何らかの施しを受けた場合に、お返しをしなければと思う心理のことである。
多くの人は、特定のコミュニティの中で自分だけが得をすると、居心地の悪さを感じ、自分が受けた恩をほかの人にも返したいと思うのである。

こうやって考えると、**「やみくもにフォローしてフォロワーを増やす」**ということが、いかに馬鹿げてるかってわかるわよね。

自分が興味を持てない相手もフォローしてしまうからですね・・・！

そう。
自分が興味を持てない相手には、絡んでいきづらいわよね。

あとは、フォローしている人が多すぎると、誰とコミュニケーションをとったのかが覚えられなくなり、結局、濃いコミュニケーションがとれなくなる。

な、なるほど・・・！

だから、フォロワーの「数」ってあまり重要じゃないの。

・・！

僕が先日インターンに行っていたマーケティング会社では、
「Twitterを使うなら、とにかくフォロワーの数を増やせ！」
という方針でした。

でも、今教えていただいた方針は、まるで逆だ・・・！

ふふふ、そうね。

で、でも、今のヴェロニカさんの話を聞いて、私、すごく腑に落ちました！

Twitterの世界も私たちが生きている現実社会と同じなんですね。

よく考えればわかることなのに、なんで今まで意識できなかったんだろう・・・。

それはね・・・。　・・・！！？

はあああああああああああああ・・・!!

ボ、ボーン！？

うわわわわわわ！！！
ボーンのおっさん、また何かの技をする気だぜっ！！

うわあああああああああ！！！！！！

・・・って、本を取り出しただけじゃねーか！！

・・・お前たち、この本を知っているか？

この本・・・！？

D・カーネギーの「人を動かす」・・・？

「人を動かす」・・・！

吉田くん！？　知ってるの！？

し、知ってるもなにも、自己啓発本の世界的ベストセラーですよ。・・・といっても、まだ僕はじっくり読んだことがないんですが・・・。

世界的ベストセラー！？

「人を動かす」。

1937年に初版が発行され、瞬く間にベストセラーとなった、自己啓発本の原点ともいわれる名著。

全世界で累計1,500万部を売上げ、今も売れ続けているわ。

この書籍には、「人に好かれる方法」や「人に行動してもらう方法」など、対人コミュニケーションに関する様々なノウハウが書かれているの。

コミュニケーションに関するノウハウ・・・！？

お前たちは一度、この本を読んだ方がいい。
そうすれば、さっきのヴェロニカの話がさらに理解できるだろう。

そうね。この本に書かれている**「人に好かれる６原則」**は、特に重要だから。

「人に好かれる６原則」・・・！？

これがその6原則よ。

[人に好かれる6原則]

1. 誠実な関心を寄せる
2. 笑顔で接する
3. 名前は、当人にとって、もっとも心地よい、もっとも大切な響きを持つ言葉であることを忘れない
4. 聞き手に回る
5. 相手の関心を見抜いて話題にする
6. 重要感を与える。誠意を込めて

誠実な関心を寄せる・・・。
これ、さっきヴェロニカさんが言ってたことと同じだ・・・。

聞き手に回る・・・！

この6つの原則が大事なんですね・・・！

とにかく一度この本を読んでみるんだな。

・・・あ、そ、そういえば！　ボーンさん！

なぜ、今回、Twitterアカウントの運用を強化しようとしているんですか！？
ソーシャルメディアには、Facebookページや Google+ などもあるのに・・・。

まだ答えを言ってなかったな。
それは、Twitterの「拡散力」がほかのソーシャルメディアに比べて高いからだ。

拡散力！？

ヴェロニカ、解説を頼む。

OK、ボーン。

なぜ、Twitterアカウントの運用を強化する方がいいのか？

まずは、TwitterとFacebookの拡散力の違いについて話すわね。

現在、世界的に見たときに、Twitterのユーザー数はFacebookより少ないといわれているわ。

ただ、これはあくまでも世界の話であって、日本の場合は、TwitterとFacebookのユーザー数に大きな開きはないの。
むしろ、日本では、Twitterの方が影響力が高いといえるわ。
その理由を話すわね。

TwitterとFacebookの最大の違いは、**「匿名制」**か**「実名制」**かということ。
考えればわかることだけど、実名制のサービスは、コンテンツをシェアする側にある種の「心理障壁」が存在する。

実名制の場合、自分が所属しているコミュニティの中で立場が悪くなることを恐れるから、ユーザーが何かのコンテンツをシェアする際には、**「こんな記事をシェアして、周りの知人から変な目でみられないだろうか・・・」**という防衛本能が働きやすいの。

その点、Twitterは、匿名で使ってもいいわけだから、素性を隠した上で、自分のシェアしたいコンテンツをシェアするユーザーが多かったりする。

以前、吉田君も話していたけれど、日本人には「祭りの心理」というものがあるの。「流行っているものには乗っかっておきたい」、「流行にはついていきたい」という心理。
その心理とTwitterの相性は抜群なのよ。

たとえ誰が投稿したかわからないツイートがあっても、おもしろければどんどんRT(リツイート)していく文化がTwitterにはある。
それができるのは、TwitterにはFacebookにはない"独自のゆるい雰囲気"があるから。

	Twitter	Facebook
傾　向	マイクロブログ＆SNS	SNS
アカウント名	匿名＆実名	実名
主な利用目的	・一方的な情報発信 ・不特定多数とのコミュニケーション ・知人とのコミュニケーション	・知人とのコミュニケーション ・一方的な情報発信
フィードバック方法	・お気に入り　・メンション（@） ・公式RT　・非公式RT	・いいね！ ・シェア
独自文化	ハッシュタグ	ユーザーのタグ付け
タイムライン	時系列	Facebook側が調整
SEO効果	Twitter APIでつくられた外部サービスからの被リンクが得られる （※アンカータグにrel="nofollow"が入っていないケースに限る）	なし
はてなブックマークと連携しているユーザー	多い	少ない

だから、おもしろいネタはTwitter上で加速度的に拡散されやすいのよ。

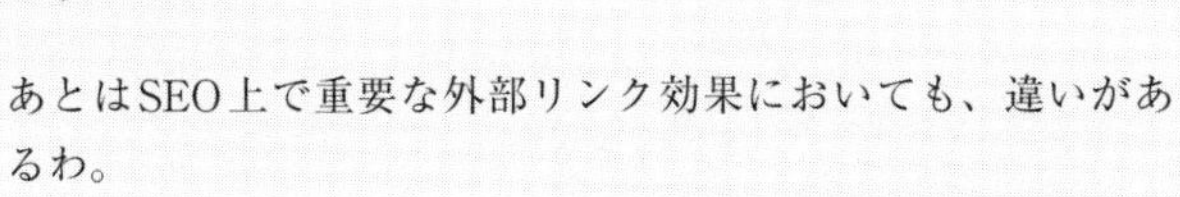

あとはSEO上で重要な外部リンク効果においても、違いがあるわ。

2014年12月現在、TwitterやFacebook上でシェアされるリンクには「rel = "nofollow"」という属性が入っているため、基本的にはGoogleからは評価されないリンクになっている。

だから、TwitterやFacebookでコンテンツがどれだけシェアされても、外部リンクとしての効果はないはずなんだけど、実はTwitterの場合、「Twitter API」でつくられた外部サービスが多数存在しているから、それらの外部サービス経由でリンクが集まるの。

つまり、**Twitterのサービス本体から張られたリンクにSEOの効果がなくても、Twitter APIでつくられた外部サービス経由のリンクにはSEO効果がある**ってことね。

そして、さらなるは、日本最大のソーシャルブックマークサービス「はてなブックマーク」と連携しているユーザー数の違いよ。
TwitterもFacebookも、はてなブックマークと連携はできるんだけど、実際のところはTwitterと連携しているユーザーの方が多いの。

はてなブックマークと連携するユーザーが多いということは、Twitterでつぶやかれる際に、はてなブックマークが増えやすいということになるわ。

はてなブックマークの数が増えれば、「人気のエントリー(ホッテントリ)」に入りやすくなり、さらに多くの人に見てもらえる可能性が増える、というわけね。

はてなブックマークの「人気のエントリー」に載るためには、Facebookで拡散されるより、Twitterで拡散された方が、近道であることは間違いないわね。

以上、TwitterとFacebookの拡散力の違いを解説したけれど、もちろん、TwitterとFacebook、それぞれによい部分はあるわ。
人によっては、Twitterを使わず、Facebookばかりを使っている人もいるだろうから、そんな人たちには、Facebookで拡散しないと届かないわね。

だから、究極の理想は両方を運用することなんだけど、運用コストをかけられない場合には、Twitterの運用から始めてみることをオススメしてるの。

▶ **はてなブックマーク — 人気エントリー**
http://b.hatena.ne.jp/hotentry

▶ **はてなブックマーク × Twitter 連携機能**
http://b.hatena.ne.jp/guide/twitter

そ、そうか・・・！
そう考えると、たしかに、TwitterはFacebookなどと比べて拡散力が高いかも・・・！

・・・俺も匿名でTwitterアカウント運用してたりするからなあ・・・。

えっ？　高橋くん、そうだったの！？

あ、し、しまった・・・。

高橋さん！　そうだったんですか！？
せっかくだし、高橋さんのアカウントを見せてくださいよ！

ええええっ！！？
い、いやいや・・・、俺のアカウントはあの・・・その・・・、マニアックなつぶやきばかりだし・・・。

あとはプライベート用のアカウントだったりするし・・・。

お前のアカウントはこれか？

ぎゃ、ぎゃー！！！！！
な、なんで俺のアカウントが！！！！！

お前の写真で画像検索したら見つかったぞ。

高橋さん・・・。
匿名なのに、アイコンの写真は自分のリアルの写真を使っているんですね・・・。

えーっと、なになに。

「空の色はいつも違う。その色はRGBでは表すことのできない複雑かつ繊細なブルー。一人ひとりの目に映るブルーは違う。俺は自分のブルーを追いかけていきたい。ブルースカイ」

・・・ブルースカイ。

・・・。

とってもポエムなアカウントですね・・・。

はい・・・。

つまり、この高橋くんのケースを見ても、世の中には**「匿名」**だからこそ、何かを発信したいというユーザーは多いのよ。

なるほど・・・。

よし、話を戻すぞ。
ひとまず、Twitter アカウントの運用を強化する。

めぐみと吉田、お前たちふたりは、Twitter アカウントを新規で作れ。

えっ！？　新しく作るんですか？

そうだ。

今のマツオカのアカウントとは別に、お前たち二人の人間味あふれるアカウントを作るんだ。

あ、あの・・・。
僕とめぐみさん、二つのアカウントを作る理由って何でしょう・・・？　どちらか一方でもいいのでは・・・？

アカウントが二つあることにより「対話」が生まれる。

対話の仕方にもよるが、お前たち二人が対話をすることにより、外野から見たときに「絡んでも良い空気」が生まれてくる。

そうなれば、第三者が絡みやすくなる。

な、なるほど・・・！
確かに誰とも会話していないTwitterアカウントって絡みにくいですものね。
会話できる相手を最初から用意しておく、ってことか・・・。

Twitter運用のアドバイスは、ヴェロニカが チャットワーク※を通して行なう。

※チャットワーク　http://www.chatwork.com/

よろしくね。

最初の１ヶ月目は、周りとのコミュニケーションを「7割」、自分のつぶやきは「3割」で考えろ。

そして、自分たちの存在が認知され始めた２ヶ月目は、周りとのコミュニケーションを「6 割」、自分のつぶやきを「4 割」で運用してみろ。

はいっ！！

あの・・・　俺は・・・？

お前にはやってもらいたいことが別にある。

俺にやってもらいたいこと・・・？

露出起点を強化しても、今のマツオカの Web コンテンツの力ではバズボンバーに勝てない。

だから、Web コンテンツ自体をレベルアップさせる。

えっ・・・。
バズボンバーに勝てない・・・　って、な、なんでだよ？

マツオカの Web コンテンツは、そのコンテンツの魅力をユーザーに伝えるための「表現力」が弱いからだ。

表現力・・・！？

そうだ。
どんなコンテンツも表現の仕方によって、拡散されやすさが変わってくる。

・・・!?

たとえば、バズボンバーのコンテンツはただおもしろいだけではないわ。
彼らのコンテンツには、表現の流儀があるの。

表現の・・・　流儀・・・?

その流儀とは何なのかを学んでこい。

えっ・・・!?　ま、学ぶって・・・?

これを見ろ。

・・・!!?

こ、これは・・・!!

これって・・・。
バズボンバーのインターン募集ページじゃないか・・・。

まさか・・・。

高橋、バズボンバーへ、インターンに行ってこい。

・・・え？

ええええええええーっ！！！？

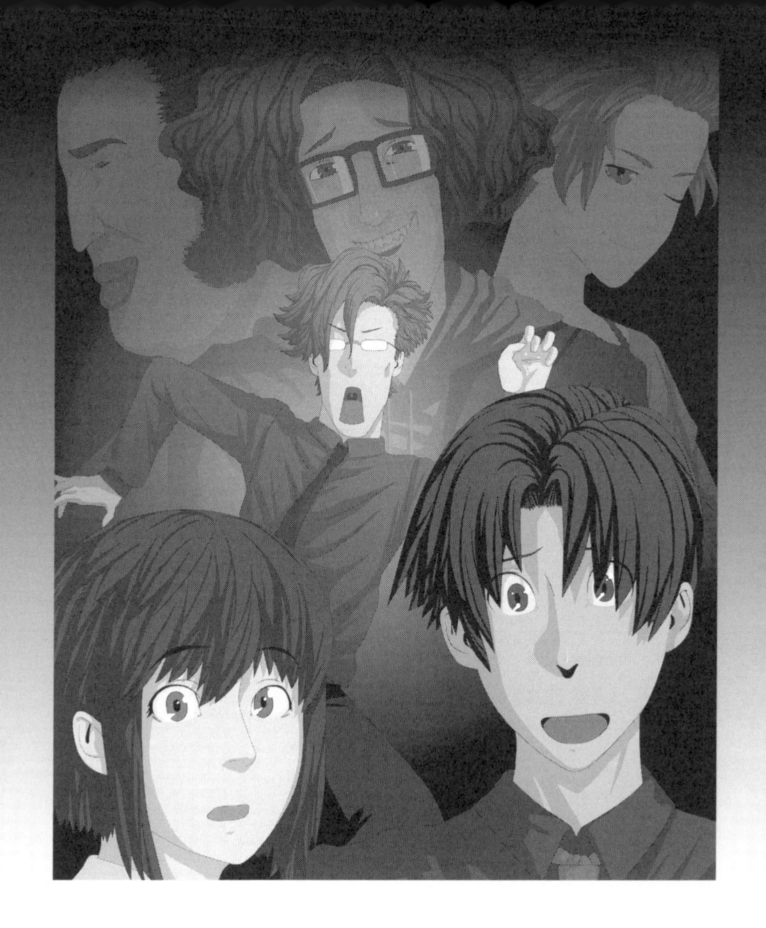

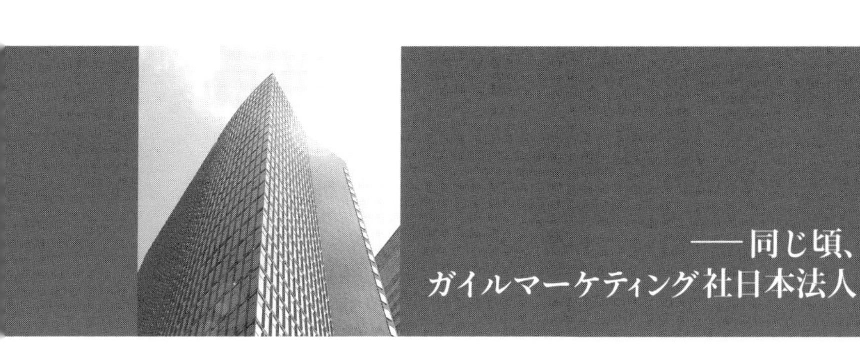

──同じ頃、
ガイルマーケティング社日本法人

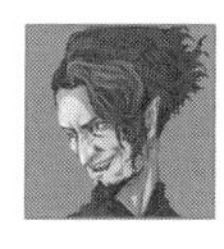

フハハハハハハ！！！

ボーンめ、勝ち目がないとわかり、マツオカのブログの更新をたった２記事で止めてしまったようだな！

ふふふ、これだけの圧倒的な差を見せつけられては、モチベーションが下がって当然でしょう。

フフフ、さすがバズボンバー。
お前たちにコンテンツ制作を任せた甲斐があったわ！

ういーっす。
遠藤さんにそう言ってもらえると、純粋にうれしいっすね。

この勢いで、もっとコンテンツを投下しろ。
バズるコンテンツをもっと、もっとだ！

ま、頑張ってみますよ。

ところで、遠藤さん、今回の俺たちのコンテンツ、気に入ったところってどこでした？

気に入ったところ？
フフフ、すまんな、まだお前たちのコンテンツに目を通していないのだ。また後ほど見ておくとしよう。

そうなんすね。
じゃあ、また感想待ってまッス。

・・・遠藤さん、あんた、いつか足元すくわれるぜ。

コンテンツ愛のないヤツが、コンテンツマーケティングを語っちゃあダメだ。
見せかけだけのコンテンツ愛は、ユーザーにいつか丸裸にされる。

ま、俺たちからすりゃ、自分らが楽しければいいんだけどな。
クックック。

●

●

●

——バズボンバーのオフィス

ふ～い、おつかれ、おつかれ～。

あ、伊藤さん、おかえりなさいでしゅ！

先方の反応はいかがでございましたか？

ふっ、遠藤さんはいつも以上にご機嫌だったぜ。

それよりどうだ？　いいインターンは来たか？

うーん、どいつもこいつもイマイチでしゅねえ。

嗚呼、我らの美意識を理解できる良質な人材にはなかなか出会えないものです。

どれどれ、これが応募者リストか・・・。　・・・！

こいつ・・・　おもしろそうだな。

・・・？
あれれれれれれれ、こいつって、遠藤さんがつぶせと言っていた会社の人間じゃないでしゅか！？

ふふふ・・・　こりゃあおもしろいぜ。

田中、こいつを雇いな。

えっ？

マツオカの Web デザイナーね・・・。　・・・なるほど、なるほど・・・。

◆

◆

◆

──そして、3日後

えええええええええええ！！？
本当にバズボンバーにインターンに行くことになったんですか！！？

そうみたいなんだ・・・。
書類選考にパスしたから、できるだけ早く来てくれと。
なぜか、面接すらなく、採用が決まった・・・。

い、いつから行くの？

来週の月曜には行くことになります・・・。

来週の月曜日・・・。
確か、インターン期間は二ヶ月だったから、二ヶ月の間はうちのサイトの更新は止まりがちになるわね。
・・・仕方ないわ、ちょうどシーズン的にもサイトの更新が少ない時期だし。

高橋君、頑張ってきてね！

お、俺・・・、正直、超不安なんですけど・・・。
彼らのテンションについてゆけるんでしょうか・・・。

外から見るバズボンバーと、中から見るバズボンバーは違うかもしれないぞ。

な・・・　なるほど・・・。

あっ！　高橋さん！

な、何だよ？

あの・・・　バズボンバーのサインをもらってきていただいてもいいですか？

はああああ！？

あ・・、いえ、実は個人的にバズボンバーのファンなもので・・・。

・・・。

よし、高橋が帰ってくる二ヶ月後まで、めぐみと吉田はTwitterの運用に全力を注ぎ込め。

はいっ！！

・・・俺　・・・本当に大丈夫かな・・・。

——そして、試練の二ヶ月が始まったッ・・・！！

——ある夜、都内のBARにて

♪ カランコロン

いらっしゃい。

レッドアイ、ノンアルで。

かしこまりました。

久々だな、ヴェロニカさん。

久々ね、伊藤君。

・・・それにしても、ビックリしたぜ。
まさか、マツオカのWebデザイナーがうちのインターンに応募してくるなんてな。

ウフフ。
募集要項に「ライバル社NG」なんて書いてなかったけど？

ハッハッハ、こいつは一本とられたね。

フフフ。
で、どう？　うちの高橋くんは？

うーん、どうだかねえ。
ま、今頃、うちの田中と山本に鍛えられているだろうよ。

――ちょうどその頃、バズボンバー社内では

むしゅしゅしゅしゅしゅしゅしゅしゅ！！！
なんで君の作るコンテンツはこんなにときめかないのでしゅか！？

嗚呼、ダサい、ダサイ。
あなたのコンテンツは、カッコつけようとして垢抜けない田舎の学生のようです。

ひ・・・　ひえええええええ・・・！！

あなたはもっとクリエイティブに触れるべきです。
そうだ、日本最高のクリエイティブである「漫画」をもっと読みなさい。

ま・・・　まままままままんが・・・！！

まままままままんが！　ではありますぇんよ！！
ほら、うちの本棚にある漫画を明朝までに読破しておきなすゎい！

むしゅしゅしゅ。
山本氏、この高橋君、人間的にも相当おもしろくないと思われますが、いかがでしゅか？

嗚呼、そういえばそうですね。
コンテンツとは作り手の“人間力”と比例するもの。
世の中の理を理解していない今の高橋君がおもしろいコンテンツを作れるとは到底思えません。

そうですね、夜の蝶たちにでも鍛えてもらいますか。

よ、夜の蝶たち・・・！？

さあ、もうそのつまらないコンテンツは置いといて、私たちと一緒に夜の歌舞伎町へ出かけるでしゅよ！

か、歌舞伎町！！？

そうそう、ヴェロニカさん。
遠藤さんは本気だぜ。本気であんたたちをつぶそうとしてる。

あら、そう。

フッ、あんたたちと遠藤さんの間に何があったかは知らねえけど、
ガイル社くらいでかい会社を敵に回すとヤベーんじゃねーの？

ご心配ありがとう。

フッ、昔一緒に仕事をさせてもらった恩からのアドバイスといっちゃあなんだが、一応忠告しておいたぜ。

伊藤君、優しいのね。

フッ、俺はいつだって惚れた女性には優しいのさ。
じゃあな。

――そして、二ヶ月が過ぎた

めぐみさん、今日ってたしか、高橋さんがバズボンバーのインターンから戻ってくる日ですよね。

あっ、そうね！
高橋君、何かすごいノウハウを得て戻ってくるのかなあ。

僕たちのTwitter運用も軌道に乗り始めましたし、あとはパワーアップした高橋さんが加わるだけですね！

うん！
なんだかワクワクしてきたわ。

高橋、ただ今戻りました。

・・・！！！！？

た、高橋さん・・・　ですか！？

ああ、高橋だ。

た、高橋さん、何があったんですか・・・！！？

高橋くん、なんだか・・・　ワイルドになったわね・・・。

そうですか？
ああ、最近、**“メジャー感”** を意識した人生を送ろうと思いまして。

メ・・・　メジャー感・・・！？

た、高橋君はバズボンバーでどんなことをしてたの・・・？

うーん、そうですねー。

漫画を読んだり、夜の蝶とたわむれたり、行きつけになったゲイバーのマスターのススメで、週１で店に立ってみたり。

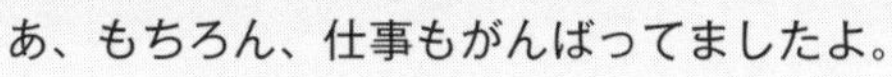

あ、もちろん、仕事もがんばってましたよ。

え・・・。

わ・・・　わけがわからない・・・。

あら、高橋君じゃない。

あ！　ヴェロニカさん！
高橋、ただ今戻りました。

いい感じね。
一皮も二皮も剥けた感じがするわ。二ヶ月前とは別人のようね。

・・・どうやら、得るものはあったようだな。

ボーンのおっさん！
バズボンバーでの経験はとても貴重なものだったぜ。

バズボンバーの表現力の秘訣がわかった？

はい。

その秘訣とはなんだ？

「メジャー感」を意識することです。

メジャー感！？

そ、それって何ですか？

よし、いっちょ説明してやっか。

メジャー感とは？

メジャー感というのは、芸能の世界でよく使われる言葉で、**「それだよ、それ！」**という「王道で売れそうな感じ」を指す。

人はコンテンツに触れた際、自分の過去の体験を頼りに「このコンテンツは期待していいのか？」という判断を無意識的に行なってしまう。

たとえば、そのコンテンツが、自分が昔読んで「おもしろい」と感じた漫画に似ていたり、当時話題になっていたCMやドラマに似ていたり、自分の中にある「プロと認められるクオリティ」のラインをクリアしていたりすると、そのコンテンツへの期待度は高まり、読もうという気持ちになる。

このメジャー感は様々な要素で表現できる。たとえば、写真の撮影の仕方、イラストのクオリティ、デザインのセンス、文章の書き方などでだ。

俺がバズボンバーで漫画を読まされていたのは、このメジャー感の引き出しを増やすためだったんだ。

なぜなら、漫画やアニメは究極の娯楽の一つだからだ。
漫画を読まずに育った人はほとんどいない。**「漫画の定番の表現」**を知ることは、メジャー感を培う上で最短の方法だったんだ。

それに気づいてから、俺はバズボンバーの過去のコンテンツを見返してみた。すると、彼らのコンテンツには常にメジャー感を意識した演出が施されていたんだ。タイトル、デザイン、文章、すべてにメジャー感を感じさせる演出があった。

彼らのコンテンツはマニアックなだけじゃない。それらの演出が、彼らのユニークなコンテンツに王道っぽさをプラスし、多くの人に届きやすくしていた、というわけさ。

メジャー感・・・！
すごく深い言葉ですね・・・！

確かに、バズボンバーのコンテンツは、ひと目見ただけで、なんだかおもしろそうな感じがする。
もちろん、内容もおもしろいんだけど、内容を見る前に「おもしろそう」って思っちゃう。

その正体がメジャー感だったのね・・・！

はい。
王道を理解した上でユニークな表現をするからこそ、読者をワクワクさせることができます。
王道を理解せずにユニークなことをしても、一部の人に受けるかどうかすらわからない、ただのマニアックなコンテンツになってしまいます。

なるほど・・・！
・・・多くのアマチュアクリエイターには耳が痛い言葉かもしれませんね・・・。

ははは。俺も正直耳が痛いけどな。
あと、メジャー感は、コンテンツそのものではなく、コンテンツの**「話者」**でも表現できる。

話者・・・！？

たとえば、前回のマツオカのブログ記事をマツコ・デラックスさんが書いたとしたら、どう思いますか？

えっ！？　マ、マツコ・デラックスさんが・・・！？
び、びっくりするけど、すごく読んでみたいって思うわ。

なぜ、読みたいって思ったんですか？

えっ、だって、マツコ・デラックスさんの書いた記事でしょ？
おもしろいに違いないわ。

それです！

めぐみさんはマツコ・デラックスさんが出演した過去のテレビ番組などを見ていて、**「マツコ・デラックスさんの生み出すコンテンツはおもしろい」**ということを体験として記憶していたんです。

そして、それはめぐみさんの中でのメジャー感の一つの判断指標となっている。だから、読みたいって思ったんです。

な、なるほど・・・！

こんな言葉があります。

コンテンツは**「何を書くかではなく、誰が書くか」**。

コンテンツはその話者によっても、伝わり方が変わってくるんです。

何を書くかでなく、誰が書くか・・・。

無名の人が書いたコンテンツよりも、その分野の著名人が書いたコンテンツの方が受け入れられるのは、メジャー感の違いだったんですね・・・！

そうだ。

そして、メジャー感の強いコンテンツは、シェアされた際に多くの人の関心になりやすいから、シェアしたいと思う人も増える。シェアする側の共感願望を叶えてくれやすいんだ。

これは、ボーンのおっさんが教えてくれた**"社会的認知度"**の考え方と似ているな。

ついにバイラルコンテンツの真理にたどりついたようだな。

へへへ・・・。

マツオカのコンテンツに足りなかったのは、メジャー感だったのか・・・！
ようやく理解できました・・・！

そうさ。
だから、メジャー感を加えるにはどうすればよいかを考えていくのさ。

ちょっといいかしら？

あ、はい。

メジャー感を意識するのは大切だけど、それに囚われすぎて、**「オワコン感」**が出ないように気をつけてね。

オワコン感・・・！？

オワコン・・・　終わったコンテンツ。
時代に飽きられてしまったコンテンツの匂いを出さないように気をつけろ、というわけですね。

そうよ。
「メジャー感」と「オワコン感」は紙一重。
メジャー感を意識する際には必ず、今のトレンドも意識しておくことが大切よ。

よし。
高橋が戻り、めぐみと吉田のTwitterアカウントも育ち始めた。

反撃に向け、マツオカのコンテンツ戦略を練り直すフェイズにきたな。

今度は少し違う視点でコンテンツを考えられそうです！

露出経路には僕とめぐみさんのTwitterアカウントがありますし、次こそは拡散を成功させてみます・・・！

コンテンツの企画演出は俺にまかせろ！

よし、反撃開始だ。

はいっ！！！

──その頃
ガイルマーケティング社
日本法人

フフフ・・・。
そうか・・・、そうだったのか・・・！

遠藤社長、どうなさいました？

フフフ、井上よ。
我が社にはリサーチを専門としている子会社があるのを知っているか？

ガイルリサーチ社でございますか？

そうだ。
実はガイルリサーチ社に「ある人物」に関する調査を依頼していた。

依頼・・・？

この調査結果を見ろ。

・・・！！
こっ・・・これはっ・・・！！

フフフ・・・ハーッハッハッハッハ！！！

運命とは数奇なものだな。

なあ、ボーン・片桐ッ！！

Twitterのアカウント運用の極意を得ためぐみと吉田。
そして、バズボンバーでのインターンにて
コンテンツの表現力を鍛えられた高橋。

彼らが繰り出す新しいコンテンツマーケティング戦略は、
ガイル社の牙城を崩せるのか！？

そして、不気味に笑う遠藤がつかんだボーンの秘密とは・・・！？

——次回、沈黙のWebマーケティング
ギガバイトに隠された闇
EPISODE 08「G戦場のレンタルサーバー」
今夜も俺のインデックスが加速する・・・！

広報・吉田の基本解説

ソーシャルメディアに露出起点を！

広報・吉田

どんなに優れたコンテンツも、露出しなければ見てもらえません。
――「だから、露出起点を作る」
そう言ったボーンさんが露出起点として選んだのは「Twitter」でした。ここでは、より具体的なTwitterの運用方法をお教えします。

Twitterアカウントはコンテンツに紐づくものと考える

第5話（261ページ参照）でお話ししましたが、多くのユーザーは「セリング」には興味がありません。そのため、Twitterアカウントは、あなたのサイトにある「コンテンツ」を露出させるための起点だと考えてください。コンテンツが露出すれば、コンテンツに自然なリンクが集まり、ドメイン全体の信頼度も高まります。そうなれば、ドメイン内にあるセリングのページも上位表示します。

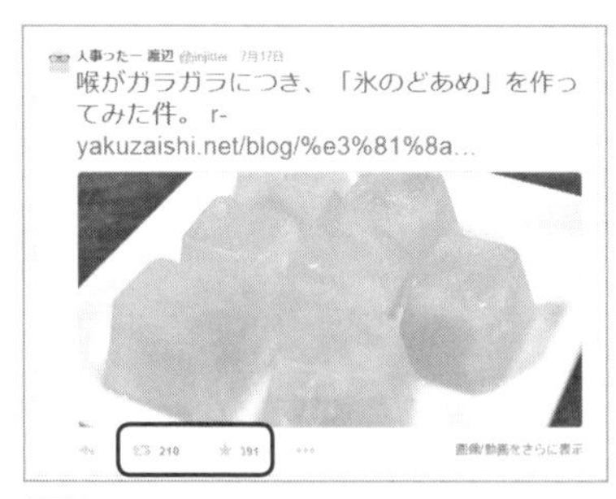

図1 210件の公式RT、391件のお気に入り追加

図2 162件の公式RT、157件のお気に入り追加

Twitterアカウント運用で重要なのはフォロワーの獲得

Twitterを使ってコンテンツを露出させるためには、あなたのTwitterアカウントにフォロワーがいるかが重要となります。フォロワーがいないと、あなたのツイートに気づいてくれるユーザーはほぼゼロということになるからです。

また、RT（リツイート）などにより、コンテンツが拡散する可能性も低くなります（「ツイート」とは、Twitter上で投稿される「つぶやき」のことであり、つぶやくという意味での動詞でも使われます。また、RT（リツイート）は、ツイートの再投稿・引用を指します）。

そのため、Twitter運用を開始してすぐの時期は、何よりもまず、フォロワーを獲得するためにはどうすればよいかを考える必要があります。

Twitterアカウント運用の成功モデルは2つある

フォロワーを増やすためには、Twitterを使うユーザーの心理を理解する必要があります。

多くのTwitterユーザーはTwitterを使うことで得られる何らかのメリットを期待しています。たとえば、自己顕示欲の高いユーザーは、ツイートという形で"自分のコンテンツ"を発信し、それがRT(リツイート)などを通して、多くの人の目に触れることを望んでいます。また、情報収集ツールとして使っているユーザーは、良質な情報を配信しているアカウントをフォローし、役立つ情報を効率よく手に入れることを望みます。もし、あなたがTwitterアカウントのフォロワーを増やしたいのであれば、そういったTwitterユーザーのニーズに応えることが重要です。

上記を踏まえると、ユーザーのニーズを叶える方法は、以下の2つに大きく分かれます。

① ほかのTwitterユーザーのコンテンツの露出・拡散を手伝う
② ほかのTwitterユーザーの役に立つ良質な情報(コンテンツ)をツイートする

このうち、②については、そもそもフォロワーがいなければ、あなたがどれだけ良質な情報をツイートしたとしても目にしてもらえません。あなたが有名人で、すでに多くのファンがいるのであれば、Twitterを始めればフォロワー数は簡単に増えるのですが、そうでない場合は、フォロワーをどう獲得するかがポイントになります。

そこでオススメしたいのが①です。自分の発信するコンテンツを評価してほしいというユーザーのニーズを叶えるべく、まずは「聞き役」に回るのです。以下のような形で聞き役に回れば、あなたの存在を知ってもらえます。存在さえ知ってもらえれば、フォローしてもらえる可能性も高まるのです。

●聞き役になった例　その1
それは大変ですね・・・!復旧することを祈っています! RT @bourne_katagiri 最近、俺のノートPCの調子が悪い。ウェブマスターツールが見れなくなるではないか。

●聞き役になった例　その2
記事を読みました!オーダー家具のお店によって材質へのこだわりが違うんですね! RT @megumi_matsuoka ブログを更新しました!今回の記事は「オーダー家具の発注で失敗しないために覚えておきたい3つの真実」です!

聞き役に回ることで、「返報性の原理」が働く

「返報性の原理」とは、「人は何らかの施しを受けた場合にお返しをしなければ気が済まない」という心理のことを指します。先ほどの「聞き役」に回るという方法は、この返報性の原理を起こすためのものでした。

新しいブログ記事を公開したから Twitter で宣伝しよう。
あの人、いつも僕の記事をシェアしてくれているなあ。僕もあの人のブログを読んでみよう。おお、これはおもしろい！早速シェアせねば！
O さん、今回も記事読みました！とても勉強になりました！
あっ！私の記事をシェアしてくださったんですね！ありがとうございます！

多くのTwitterユーザーは基本的には「自分のこと」にしか興味がありません。そのため、相手にあなたを意識してもらうためには、相手の懐に入る方法が近道です。自分のツイートやコンテンツに対して好意的な反応を見せるユーザーに対して、嫌悪感を抱く人はいません。まずは聞き役に回り、相手のコンテンツを評価する。そうすれば、あなたの存在を意識してもらえるようになります。そして、返報性の原理が働き、フォローしてもらえたり、あなたのコンテンツがシェアしてもらえる可能性が出てくるのです。これは現実社会とまったく同じです。

ただし、聞き役といっても、好きでもない相手のご機嫌をとるわけではありません。あくまでも、そのユーザーのツイートなどが気に入った際に、アクションを起こすようにします。そのため、「誰をフォローするか」はとても重要です。

フォローする相手を選ぶための５つのポイント

Twitterでフォローする相手は、コミュニケーションがとりやすいユーザーを選ぶとよいでしょう。なぜなら、他人とコミュニケーションをとっていないユーザーをフォローしても、返報性の原理が起こりにくいからです。また、Twitterを積極的に使っているかどうかも重要です。ごくたまにしかつぶやかないユーザーの場合、あなたがどれだけ相手にラブコールを送っても、気づいてもらえない可能性が高くなります。

それらを踏まえ、フォローする相手は次のようなユーザーがよいでしょう。

① 最近つぶやいているユーザー
② 自分のコンテンツばかりではなく、他者のコンテンツもシェアしているユーザー
③ 誰かと@（メンション）や非公式RTで絡んでいるユーザー
④ 比較的よくつぶやいているユーザー
⑤ ポジティブな発言が多いユーザー

他者に対して誹謗中傷などの攻撃的なツイートを行なっているユーザーを不必要にフォローしてはいけません。なぜなら、そのような癖のあるユーザーはコミュニティから疎外されやすく、そのユーザーと仲良くしてしまうと、攻撃を受けている側から、あなたもひと括りに敵視される可能性があるからです。これも現実社会とまったく同じですね。

フォローする相手の見つけ方

フォローする相手の傾向がつかめてきたところで、実際に相手を見つけるための方法をお教えします。以下の4つの方法がオススメです。

① サイトのテーマに近いコンテンツをシェアしているユーザーを検索

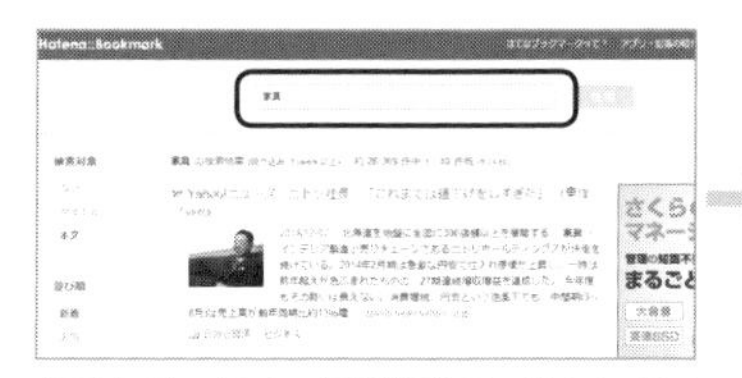

はてなブックマーク内検索で、あなたのコンテンツにテーマやジャンルが近く、最近はてなブックマーク界隈で話題になったコンテンツを調査。このとき、検索結果の並び順は新着順にしておきます

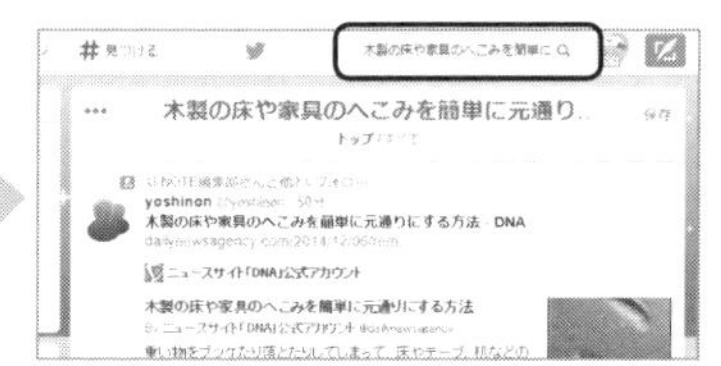

そのコンテンツのタイトルをTwitterの検索窓に入力し、そのコンテンツについてつぶやいているユーザーを検索。あとは、各ユーザーのプロフィールなどを見ながら、先ほどの5つのポイントに沿って、フォローするかどうかを決めます

② フォローしたユーザーがコミュニケーションしているユーザーをたどる

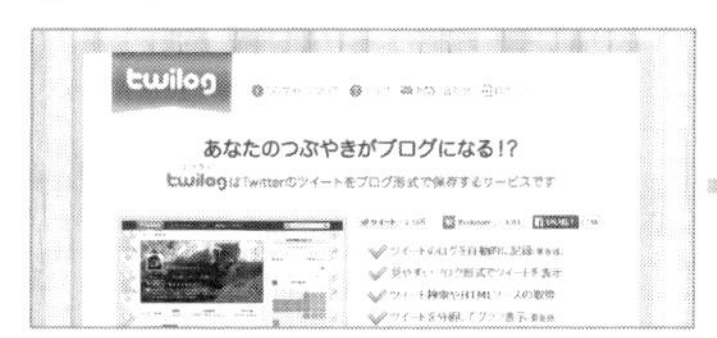

twilog（ツイログ）へアクセスし、検索窓にあなたがフォローしたユーザーのIDを入力します
https://twilog.org/

そのユーザーがtwilogを使っていれば、よくコミュニケーションしているほかのユーザーがわかります。それらのユーザーともコミュニケーションをとれそうならフォローします

③ Twitterの「おすすめユーザー」をチェックする

ある程度Twitterを運用すると、Twitter側が「おすすめユーザー」を提案してくれるようになります。それらのユーザーもチェックしてみるとよいでしょう。

また、おすすめユーザーエリア上部の「更新」をクリックすれば、別のユーザーを紹介してくれます。

④ あなたのコンテンツに興味を持ってくれたユーザーをチェックする

ある程度コンテンツが露出してからになりますが、自分のコンテンツのタイトルでTwitter検索を行なうと、あなたのコンテンツに対して興味をもっているユーザーを知ることができます。それらのユーザーをフォローするのもよいでしょう。

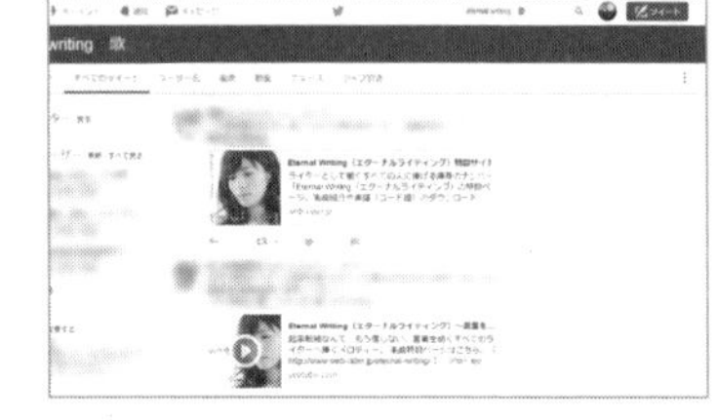

ただし、あなたのコンテンツに対してネガティブな意見を持っているユーザーはフォローしない方が無難です。相手はすでにあなたに否定的な姿勢をとっているわけですから、良好なコミュニケーションをとれない可能性があります。

Twitterのコミュニケーションのパターン

Twitterユーザーとコミュニケーションをとるときは、以下の手段を用います。

手段	詳細
リプライ（返信）	他人のつぶやきに対して返信を送る。リプライのやりとりは、送り手と受け手の両方をフォローしている人のタイムラインに表示される。メンション(@)とも呼ばれる。
公式RT（リツイート）	元の発言者のユーザー名のまま、ツイートをフォロワーに転送する。公式RTをしたことは相手にも通知される。
非公式RT（リツイート）	ツイートを引用して、自分のコメントを残してツイートする。発言者は自分になる。
DM（ダイレクトメッセージ）	第三者が見れないシークレットなメッセージを送る。
お気に入り（ファボる）	気に入ったツイートをお気に入りに追加する。お気に入りに追加したことは相手にも通知される。

手段	詳細
リストへの追加	リストに相手を追加する。リストが公開リストの場合、どんなリストに追加しているかは相手にもわかる。
ハッシュタグ（#）	ハッシュマーク（#）付きのキーワードをツイートに含めれば、同じハッシュタグを使っているユーザーのツイートが集まるタイムラインに、自分のツイートを露出させることができる。

Twitter運用のシナリオを考える

Twitterアカウントを運用する際に気をつけることは、「自分の声が届くフォロワーがどれくらいいるか」ということです。やみくもにフォローし続けた結果、フォロワー数は増えたけれど、ほとんどコミュニケーションがとれていないという状況になるのであれば、本末転倒です。自分の声が届くという前提であれば、フォロワー数は数百人でも問題ありません。

以下にTwitter運用における理想的なシナリオを用意してみましたので、ぜひ参考にしてください。1ヶ月に100名ほどフォロワー数を増やすだけでも、影響力のあるTwitterアカウントになります。

シナリオ	
Twitter アカウントの立ち上げ	相手が気軽に会話しやすいようにプロフィールやアイコン画像にこだわる。プロフィールは一個人を意識し、できるだけ詳細に書き、セリングの要素を消す。 **●ダメなアカウント名の例** オーダー家具販売のマツオカ **●よいアカウント名の例** マツオカメグミ
運用開始〜 1 ヶ月目	まずはフォロワーを獲得することを最優先に行動する。 自分のコンテンツとの相性がよさそうなユーザーを見つけ、1 日 5 〜 10 人程度をフォローしていく（1 日のフォロー数が多すぎると、アカウントが凍結される可能性があるので注意。万が一凍結された際は、Twitter 社に連絡するとよい）。また、自分のツイートの内容は以下のバランスを意識する。 **● 3 割** 自分に関するツイート（ブログ記事の紹介や、独り言など）ネットで流行っている記事で、自分のフォロワーが興味ありそうなネタの紹介 **● 7 割** 自分のフォロワーとの絡み（相手のツイートに積極的に絡んでいったり、相手がブログ記事などのコンテンツを公開したとき、もし、そのコンテンツを気にいったのであれば、拡散に協力する）

フォロワー数 100 名を目標にする
（もし、こちらがコミュニケーションをとろうとしても、何のアクションも返してくれないユーザーに対しては、相性が悪いということなので、フォローの解除を検討する）

2ヶ月目	自分のコンテンツとの相性がよさそうなユーザーを見つけ、1日5～10人程度をフォローしていく。

フォロワー数 200 名を目標にする
（コミュニケーションをとるのが難しそうなユーザーに対しては、フォローを解除する）

3ヶ月目	自分のコンテンツとの相性がよさそうなユーザーを見つけ、1日10人程度をフォローしていく。自分のツイートの内容は4割を自分に関するツイートにする。

フォロワー数 300 名を目標にする
以後、同様にして、毎月 100 名のフォロワーの獲得を目標とする。

ちなみに、Twitterにおけるフォロー数の限界は、初期の段階では2,000名とされています。2,001名以上をフォローする場合は、フォローされている数の1.1倍に1を加えた数がフォローの限界数となるため、注意してください（コミュニケーションをとるのが難しそうなユーザーのフォロー解除をするのは、フォローの限界数に達しないようにするためです）。

この運用方法は一例ではありますが、一番大事なのは、Twitterを楽しむことです。マーケティングのためだけにTwitterを活用しているユーザーは、本人が意識をしていなくても、周りにその雰囲気を醸し出しています。そのため、余裕が出てきたら、周りの人を楽しませるようなツイートも積極的に行なっていきましょう。そうすれば、良好なコミュニケーションが加速するはずです。

吉田守のまとめ！

■ **Twitterは「コンテンツ」に紐づくものと考えて運用する**
多くのTwitterユーザーは「セリング」に興味がない場合が多いため、Twitterでは「セリング」ではなく「コンテンツ」に関する情報を発信するようにする。

■ **まずは「聞き役」に回る**
自分に影響力がない場合は、「聞き役」に回り、相手のよいところを見つけて評価する。そうすれば「返報性の原理」が生まれる。

■ **Twitter運用では“自分の声が届くフォロワー”の存在がカギに**
Twitterのフォロワーは、たくさんいても、コミュニケーションできなければ意味がない。自分の声が届くフォロワーを大切にして増やすようにする。

［前回までのあらすじ］

ボーンのアイデアにより、バズボンバー社でインターンとして働くことになった高橋。バズボンバーの社風に圧倒されながらも、彼はコンテンツ制作の極意をつかみ始める。

一方、めぐみと吉田は、Twitter 運用の見直しを行なっていた。匿名ならではの拡散力をもつ Twitter アカウントを育てること、それがマツオカに課せられた急務だった。ふたりは、ヴェロニカのアドバイスのもと、アカウント運用を順調に軌道に乗せる。

その頃、ガイル社の遠藤と井上は、
ボーンの過去を調査し、「ある事実」にたどりついていた。

ボーンに秘められた過去とは一体・・・！？

今、バラバラに分かれていたパズルのピースが
ひとつになる・・・！

片桐・・・　健太郎君・・・　だね。

おじさんは・・・　誰なの？

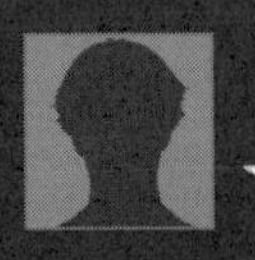

私はね・・・　お母さんの昔の友達さ。

昔の・・・　友達・・・？

お母さんのことは・・・　とても残念だった。
これからは大変かもしれないが・・・　強く生きていくんだよ。
・・・おじさんもできる限りのサポートはしたいと思っている。

えっ・・・？
おじさんは・・・　誰なの・・・？

私は・・・・・・

・・・ハッ！！

・・・！　ボーンどうしたの？
また、いつもの夢・・！？

・・・いや・・・。
母が亡くなった時のことを思い出していた。

お母さんの・・・？

・・・雨　・・・か。

しばらく降り続くみたいよ。

・・・そうか・・・。

さっきの夢・・・。あの男・・・。
なぜ、今になって、あの時のことを思い出したんだ・・・。

EPISODE 08

G戦場のレンタルサーバー

それにしても、今日はすごい雨ね・・・。

・・・SERPsのウェザーリポートは正常だがな。

フフフ、雨が降っても検索エンジンの動きに変化はなし、ということかしら。
ボーンったら、何でもすぐにSEOの話に結びつけちゃうんだから。

そうそう、あの子たちのサイト、最近、検索順位をどんどん上げているわ。
「オーダー家具」のワードで1位になる日も近いかもよ。

ああ。
しかし、そろそろ、“物理的な問題”に直面する頃だろう。

“物理的な問題”・・・？

吉田くん！
今回の記事のツイート数がすごいわ！

めぐみさん！
『いいね！』の数も 3,000 を超えています！

まさか、あのブログがこんなに変わるなんて・・・。
高橋君のアイデアのおかげね。

あなたの人生を変える家具のお話

家具はあなたの人生を包み込むパートナーです。
このブログでは、オーダー家具「マツオカ」の3代目である松岡めぐみが、
素敵なゲストの方の家具に対する思いをお聞きしていきます。

NO FURNITURE, NO LIFE

第3回 ブロガー ヤマオカナオトさん愛用のデスクとキャビネット

14/9/12 [オフィス家具]　ツイート 1,278　ブックマーク 210　8+1 120　いいね！ 3,500

本日のゲストは、ブロガーの「**ヤマオカナオト**」さん。
今回ご紹介するヤマオカナオトさんは、月間200万PVのブログ「**まだ、PCでネット見てるの？**」の管理人であり、脱デジタルのアナログ的な生活をおこなっておられることで有名です。
そんなヤマオカさんが、人生のベスト家具に選んだのは、20年間使い続けておられるデスクとキャビネットでした。
読者を魅了してやまない、ヤマオカさんの独創的な発想はどこからくるのか？
今回は、みなさんも気になっておられるであろう、ヤマオカさんの仕事への姿勢や、プライベートの過ごし方などを伺っていきます。

ヤマオカさん、本日は宜しくお願いいたします！

宜しくお願いします！

早速ですがヤマオカさんは、オフの日はどのように過ごしになってますか？

■ このブログを書いている人

松岡めぐみ
大学の建築科を経て、マツオカに入社。
世界に一つしかない、温もりのあるオーダー家具の魅力を世の中にもっと伝えたい！と思って、がんばっています。
家具好きの方とたくさんお知り合いになれればうれしいです。
Twitterもやっていますので、よろしければぜひフォローをお願いします。

最近のお客様

第3回
ブロガー「ヤマオカナオト」さん
210user

第2回
乾燥法人「カワック」代表取締役　河辺健夫さん 17user

第1回
ITジャーナリスト
宮本尚彦さん 68user

ツイート　フォローする

松岡めぐみ　4時間
@megumi.matsuoka
マツオカのスタッフブログにて記事を公開しました！「第3回 ブロガー「ヤマオカナオト」さん」
http://matsuoka-k.jp/blog/12345678.php

いえいえ、このコンテンツが成功したのは、めぐみさんが“表に出ること”を決意してくれたからですよ。

私・・・、最初に高橋君のアイデアを聞いたとき、無理って思ったの。だって、ネットで顔を出すことって、すごく怖いことだと思ってたし。

でも、このコンテンツの目的を聞いて、やらなきゃ！ って気持ちになったの。

マツオカの看板を背負う以上、「恥ずかしい」とか言ってられないものね。

このコンテンツの連載が始まってから、めぐみさんのTwitterアカウントのフォロワー数もどんどん増えています。

めぐみさん本人にも **“メジャー感”** が付いてきた感じだな。

それにしても、このコンテンツのアイデア、さすがですね！

バズボンバーで学んだノウハウを、高橋さんなりにアレンジして、見事にマツオカのオリジナルコンテンツを作り上げてしまった・・・！

ははは、めぐみさんがいてこそのコンテンツだけどな。

高橋さん、今回のコンテンツ、どういう流れでプランニングされたか、教えていただけませんか？

よし・・・、そろそろ話してもいいな。

● 新コンテンツ
「あなたの人生を変える家具のお話」について

俺はバズボンバーへインターンへ行き、彼らから
“メジャー感”の大切さを学んだ。

彼らのコンテンツには独自性がありつつも、「そうそう、
それ！」という王道感があり、それが多くの人からの支持を
集める理由だった。
ただ funny なだけじゃなく、見る者に“気恥ずかしさ”を与えないだけの
クオリティが担保されていたんだ。

ただ、俺たちに彼らのコンテンツの真似はできない。

彼らは funny なコンテンツに命を懸けているし、元々、お笑いのセンス
も抜群だ。
同じ土俵で闘っても勝負は見えている。

だから俺は、ボーンさんの言うとおり、引き続き、
interesting なコンテンツで攻めることにした。
interesting なコンテンツに、なんとか“メジャー感”を
プラスできないか？
そう考えることにしたんだ。

そして、俺は、何かヒントになるネタはないかと、自分が過去に観てきたテレビ番組や漫画などのコンテンツを思い返し始めた。

・・・すると、一つのテレビ番組を思い出したんだ。
それは、**「徹子の部屋」**だった。

徹子の部屋！？

そう、徹子の部屋さ。

・・・続きを話すぜ。

徹子の部屋という番組には大きく分けて、３つの特長がある

1. **ゲストのインタビューがそのままコンテンツになるため、ゲストがいなくならない限り、コンテンツにはずっと困らない**
2. **良質なゲストのインタビューを行なえば行なうほど、番組に“箔”がつく**
3. **番組が有名になればなるほど、出演したゲストのブランドが高まるため、出演を希望するゲストも増えてゆく**

この３つの特長を、マツオカのコンテンツで表現できないかと考えたんだ。

そこで、次のように考えたわけさ。

1. 家具を愛する様々なゲストを招待し、そのゲストの家具に対する思いをそのままコンテンツにする
2. ゲストとして招待するのは、ファンを多く抱えるブロガーや起業家を中心に
3. 出演したゲストのブランドが高まるよう、コンテンツの構成や演出にはこだわる

もちろん、徹子の部屋は「黒柳徹子」さんという強烈なインタビュアーの存在があるから成立しているわけだが、今回はその役をめぐみさんに引き受けてもらうことにした。

めぐみさんは芸能人ではないし、インタビュアーの経験もないが、「聞き手」としての魅力は備えていると感じていた。

- **何事にも興味を持つ、素直な性格であること**
- **玄人を相手にしたオーダー家具業界で、若くしてがんばっている女性経営者であること**

特に後者の、"がんばっている若手経営者"というのはポイントが高かった。
人はがんばっている人を見ると、応援したいと思うからな。
「何かアドバイスをしてあげたい」と思って、どんどん話をしてくれる。

そして、玄人を相手にしたオーダー家具業界で働いているということも、アドバンテージだった。
玄人を相手にしているということは、ビジネスにおいて"品質"を大事にしているということ。品質の高さは、その人の「品格」にもつながる。
つまり、ゲストはめぐみさんと話すことで、自分の品格も高められるというわけさ。

す・・・ すごい・・・。
だてにバズボンバーの人たちと飲み歩いていたわけじゃなかったんですね・・・！

の・・・ 飲み歩く・・・？？
あ、ああ、以前の俺だと、こんなアイデアは思いもつかなかっただろうからな。

私は気持ち的に複雑だけど・・・。

大丈夫ですよ、めぐみさん。
このコンテンツの方向性は間違っていません。

あと、もう一つ質問があります！
なぜ、タイトルを「あなたの人生を変える家具のお話」にしたんでしょうか？

そうだな。
一番大きな理由は、タイトルに**「そのタイトル、なんか聞いたことがあるかも？」**という“メジャー感”を加えたかったからだ。

「めぐみの部屋」というタイトルも考えたが、徹子の部屋をあからさまに意識した感じが出てしまうし、響きもイマイチ。

そこで、過去ヒットしたいろいろなコンテンツのタイトルを参考にした上で、「あなたの人生を変える家具のお話」というタイトルにしたのさ。

なるほど・・・！
このタイトル、本当に素敵だと思います！

私もこのタイトルだったら「出演してみたい」って思った！

ありがとうございます。

ここまでロジカルに説明してきましたが、このコンテンツの最大の目的は、**出演してくれるゲストの方々に喜んでもらうこと**です。ゲストが喜んでくれれば、彼らは自身のソーシャルメディアを介して、このコンテンツのことを宣伝してくれます。

そうすれば、リンクが自然に集まってきます。

あっ、そうか・・・！

また、コンテンツを見る側も、今をときめくキーパーソンたちが語る家具へのこだわりに触れられるので、勉強になります。

家具は生活の３大要素である“衣食住”でいうところの「住」にあたるコンテンツ。
興味のない人なんてほとんどいません。

だから、多くのユーザーにとって、まさに「interesting」なコンテンツになるんです。

今回のコンテンツは、見る側、出演する側、作る側、すべての人が幸せになれる、まさに**“三方良し”**のコンテンツなんです。

すごい！！

なるほど・・・！！
高橋さん、超カッコいいです！！

さらにいえば、このコンテンツは、普段funnyなコンテンツをリリースしているバズボンバーには作りにくいコンテンツですね。

もし、このコンテンツを真面目に作ってしまうと、せっかく作り上げた“バズボンバー ＝ 突き抜けたお笑い集団”というブランディングが弱まってしまいますから。

まさに、そうなのさ。
バズボンバーがfunnyなコンテンツで突き抜けているのなら、うちは違う方向で突き抜ければいいだけなのさ。

高橋君の狙いはバッチシね。
このコンテンツをリリースしてから、すごい数の人が観に来てくださっている。

そうなんです。
そして、“めぐみファン”もじわじわと増えていますよ。

そう言われると恥ずかしいけど・・・。
ブログを読んでくださる方が増えたのは純粋にうれしいわ。

Googleアナリティクスのデータを見る限り、1セッションあたりのページ閲覧数も3倍くらいに増えてますね。

おっ、いい感じ！

このブログをきっかけに、マツオカの家具に興味を持つ人が増えたらいいな。

ふふふ、絶対に増えますよ。

ありがとう。
高橋くん、本当に変わったわ・・・。
なんだか、すごく頼もしくなった。

ははは。
それはですね、めぐみさん、そして、ボーンのアニキやヴェロニカさんのおかげです。

ようやく、少しずつですが、Webマーケティングの**“本質”**というものがわかってきた気がします。

本質・・・。

思えば、今日に至るまでいろいろなことがありましたね・・・。
社長が倒れ、めぐみさんがマツオカを支えることになったあの日から、もう7ヶ月が過ぎました。

このブログは、毎日一生懸命がんばっているめぐみさんの姿を見ていて思いついたんです。
俺はこれからも、マツオカ、そして、めぐみさんを支えていきたいと思っています。

・・・はっ！！　あれ・・・これって愛の告白っぽくねーか？

え、えと・・・　えと・・・。
あ、ありがとう！　高橋くん！

い、いえいえ！
さあ、これからどんどんマツオカのサイトを盛り上げていきましょう！

ああっ！！！

よ、吉田くん、どうしたの！？

またです・・・！
また、「**503 Service Unavailable**」っていうメッセージが出て、うちのサイトが表示されなくなりました・・・。

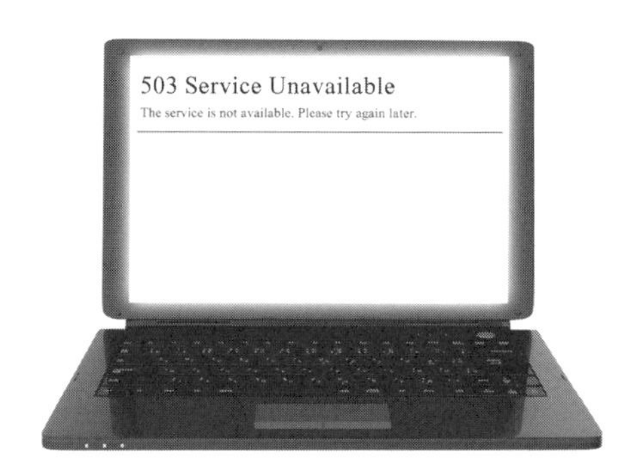

えっ、また・・・！？

むむむむ・・・！！

どうしたの？　3人とも？

あっ、ヴェロニカさん！

お前たちのブログ、最近、ソーシャルメディアでよくシェアされているようだな。

ボーンのアニキ！！

ボーンさん！　そうなんです。
高橋君が作ってくれたコンテンツがすごくいい感じなんですよ。

高橋。どうやら、バズボンバーでのインターンの経験は無駄にはならなかったようだな。

おう！
ボーンのアニキにバズボンバーへ送り込んでもらったおかげで、あそこでしごかれた経験が、今、すごく役に立ってるぜ。

ふふふ。
ほんと、高橋君、見た目まで変わっちゃったものね。

へへへ。

ただ、実は困ったことが・・・。

困ったこと？

はい・・・。

高橋さんのアイデアのおかげで人気コンテンツは生まれたんですが、実は最近、瞬間的に大きなアクセスがくると、サイトが表示されなくなるケースが増えてきてしまったんです・・・。

サイトが表示されなくなる？

はい・・・。
「503 Service Unavailable」というメッセージが頻繁に表示されるようになったんです・・・。

503エラー・・・！

一度、エラーが出ると、お店のサイトまで見れなくなって困っちゃってるんです・・・。
何が原因かよくわからなくて・・・。

・・・原因は、お前たちの借りている“レンタルサーバー”にありそうだな。

えっ・・・！
うちで借りているサーバーにですか！？

そうだ。
サーバーが設定している「同時接続数」にな。

同時接続数！？

・・・このサイトで使っているサーバーはどこのサーバーだ？

あ、たしか・・・。
「ナノサーバー」ってところだったかな・・・。

そういえば、毎月請求書が届いていたわ。
あ､これね｡「ナノサーバーのスタンダードプラン」って書いてある｡

スタンダードプラン・・・？

あ、ええと、ナノサーバーのサイトで調べてみます。
あ、これですね。
月額 1,200 円のプランです。

ナノサーバー
スタンダードプラン

ビジネス向けプランの決定版！

- ハードディスク容量200GB
- ドメイン、メールアドレス、無制限
- 転送量50GB/日
- 100Mbpsの共用回線

月額 1,200円

月額1,200円・・・。

・・・。

ハードディスク容量は200GB、転送量は一日50GBまで。
そして、回線は100Mbpsの共用回線。
一般的な「共用サーバー」ってところだけど。

こ、このサーバーって、もしかしたら、契約するとマズいサーバーなのか！？

知らん。

ええええっ！？

自分たちの「ビジネスの砦」に興味を持たないやつなど論外だ。

ビジネスの砦・・・？

あ、ボーンはね、Webサイトが格納されているサーバーのことを「ビジネスの砦」って言う癖があるの。

コンテンツを兵士に置き換えて考えてみたらわかるわ、どんなによいコンテンツ（兵士）を揃えていても、そのコンテンツが100％のポテンシャルを出せる場所がないと意味がないわよね？

そ、そうか・・・！
俺たち、コンテンツのことにばかり夢中で、肝心のサーバーのことを考えていなかった・・・！

コンテンツが順調だからといって、いい気になるな。
足元をすくわれ続けるぞ。

め、面目ねえ・・・。

・・・ヴェロニカ、こいつらに共用サーバーの仕組みを解説してやってくれ。

OK、ボーン。

お前たち、コンテンツマーケティングを本当に成功させたいのなら、サーバーの基礎知識くらい覚えておくんだな。

はっ、はいっ！！

じゃあ始めるわよ。
まずは、**「共用サーバー」**の定義から。

「共用サーバー」とは、シンプルに言えば、一台のマシンの中に複数のユーザーのサイトが格納されているサーバーのことよ。

一台のマシンの中に、複数のユーザー・・・？

そう。
現在、マツオカが借りているサーバーの中には、他のユーザーのサイトもたくさん格納されているの。
一台のマシンを複数ユーザーで使うからこそ、利用料が抑えられるというわけよ。

そ、そうだったのか・・・！

ただ、共用サーバーにはデメリットがあるの。
それは、一台のマシンの中にたくさんのユーザーが存在すればするほど、サーバー負荷が高まりやすいということ。

負荷が高まる・・・！？

も、もしかして、それがマツオカのサイトに「503 Service Unavailable」というメッセージが出る理由なんですか！？

まあ、そうね。

試しに、お前たちが借りているサーバーが、“どれだけのサイトを格納しているか”を確認してみるぞ。

えっ、そ、そんなことわかるのかよ！

はあああああああ・・・！！！

も、もしかして、いつものような必殺技が・・・！

くっ、来るっ！！！

あ、あれっ？今日は爆風が起こらなかった・・・

こ、これは・・・！！

これはね、あなたたちのサーバーに同居しているサイトのリストよ。

説明しよう！

マイクロソフトが運営する検索エンジンに「Bing」というものがある。
実は、この Bing には調査に役立つ便利な機能がいくつかあり、そのひとつに、自分のサイトの IP アドレスを検索窓に打ち込むことで、その IP アドレスで運営されているサイトをリストアップできる機能があるのだ！

▶ 検索エンジンの「Bing」へアクセスする
http://www.bing.com/

ちなみに、自分のサイトの IP アドレスがわからないのなら、以下の方法で調査可能だ。
もし、Windows を使っている場合は、「コマンド プロンプト」という画面を開き、その画面で「nslookup」と入力したのち、自分のサイトのドメインを入れて [Enter キー] を押してみる。
そうすれば、そのドメインに割り当てられた IP アドレスが表示されるのだ！
（例：nslookup www.web-rider.jp）

説明しよう！

▶ Windws 8 での「コマンド プロンプト」の使い方
http://windows.microsoft.com/ja-jp/windows/command-prompt-faq#1TC=windows-8

```
コマンド プロンプト
Microsoft Windows [Version 6.3.9600]
(c) 2013 Microsoft Corporation. All rights reserved.

C:¥Users¥めぐみ>nslookup www.matsuOka-kagu.jp
サーバー:  UnKnown
Address:  192.168.1.1

権限のない回答:
名前:    matsuOka-kagu.jp
Address:  112.78.○○○.55
Aliases:  www.matsuOka-kagu.jp

C:¥Users¥めぐみ>
```

MS プロンプトで「nslookup」というコマンドを叩いた画面

す、すごい・・・。
こんなにたくさんのサイトが同居していたなんて・・・。

うおおおっ、あの芸能人のオフィシャルサイトも入ってるぜ！

わわっ、あのWeb制作会社もここのサーバーを使っていたんだ・・・。

はしゃぐのはそれくらいにしておけ。

・・・やはりな。
どうやら、このサーバーはユーザーを多く抱えすぎている。

えっ・・・！？

結論を言う。
早急にサーバーを乗り換えろ。

えっ！！？
ええええええ！！！？

や、やっぱり、今使っているサーバーは“落ちやすい”ってことなのかよ！？

どこかのサイトがたくさんアクセスを集めてしまうと、うちのサイトにしわ寄せがくるから、ユーザー数の少ないサーバーへ引っ越せってことなのかな・・・。

吉田くん、いい線をいってるわ。
ただ、503エラーが出る原因はもう少し先にあるの。

そして、高橋君、さっきあなたは「サーバーが落ちやすい」と言っていたわね。
残念ながら、あの発言は間違い。
なぜなら、503エラーは「サーバーが落ちた」というメッセージではないからなの。

えっ・・・!?

503エラーは、あくまでも**「同時接続数を超えた」**というメッセージ。

「同時接続数を超えた」・・・!?
さっきボーンさんが言っていた言葉だ・・・!

同時接続数・・・!?

「503 Service Unavailable」というメッセージが出る仕組み

503エラーの解説をする前に知っておいてほしいことがあるの。
それは、レンタルサーバーの「ビジネスモデル」についてよ。

さっき、「共用サーバー」は多くのユーザーを格納している分、安く借りれると伝えたわね。

安く借りれる分、各ユーザー同士でサーバーのポテンシャルを取り合う形になるんだけど、もし、共用サーバーの中に、飛び抜けてトラフィックの多い特定のサイトがあったとしたら、サーバーの負荷はそのサイトに引きずられる格好になる。
でも、そうなったらほかのユーザーは困るわよね。

だから、サーバー会社は、イレギュラーなサイトのトラフィックを抑えることで、できるだけ多くのユーザーの満足度を平均的に高めるための対策をおこなっているの。

それが**「同時接続数の制限」**よ。

ここでいう「接続数」とは、ユーザーがサイトに訪れた時に発生する接続のこと。
つまり、「同時接続数」というのは、同じタイミングでサイトを見ているユーザーの総数なの。

サイトへ瞬間的にアクセスしてきたユーザーの数が、サーバー側で設定した限界値（同時接続数）を超えた場合、「503エラー」というメッセージを表示し、サイトを見れなくする。
そうすることで、同じ共用サーバーを使っているほかのユーザーへの影響を防いでいるのよ。

だから、503エラーが出ている状態は、サーバーが落ちているわけではなく、サーバー会社が意図的にそのサイトへのアクセスを遮断している状態だといえるの。

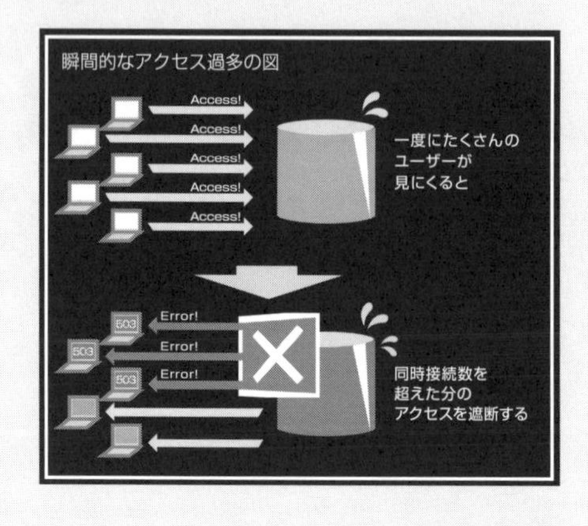

また、サイトの構造が原因で、実際のアクセスがそれほど多くなくても、サーバー側で設定された限界値(同時接続数)を超えてしまうケースもあるわ。
データベースへ頻繁にアクセスする動的なサイトなど、一回のアクセスで、たくさんのファイルやプログラムを呼び出してしまうようなサイトね。

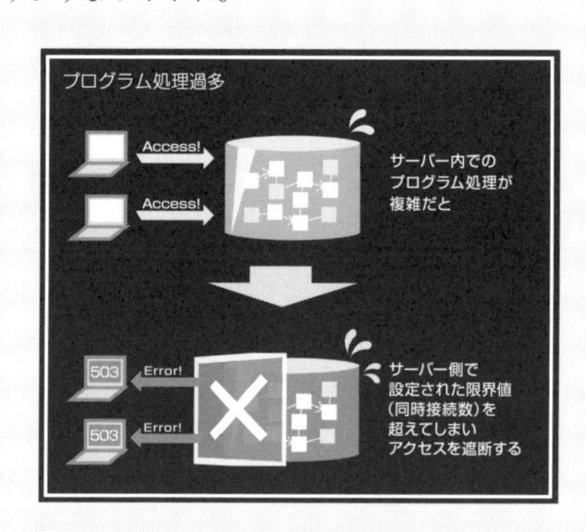

そういったサイトは、サイトの構造を見直す必要があるんだけど、前述したように、サーバー会社が設定した同時接続数は変わることがないわけだから、結局のところ、共用サーバーを使っているかぎりは、503エラーのリスクからは逃れられないというわけよ。

なるほど・・・。
そんな理由があったのか・・・。

そして、安価な共用サーバーの場合、一見スペックが高く見えても、ユーザーをたくさん詰め込むことで利益をあげているケースがあるわ。

そうなると、割り当てられているユーザーが多いわけだから、同時接続数の制限も厳しくなるわけね。

つまり、安価な共用サーバーほど503エラーが出やすい可能性があるの。

ボーンさんが新しいサーバーを探せといった意味がわかってきました・・・。

そう、あなたたちのサーバーは、価格帯から察するに、503エラーが出やすくなっている可能性があるわ。

なるほど・・・。
安いからといって喜んでいちゃダメなんだな・・・。

安いサーバーには、安いだけの理由がある。
Web マーケティングを本気で成功させたいなら、自分たちのビジネスステージに合ったサーバーを選べ。

自分たちのビジネスステージ・・・！

以前までのマツオカのサイトは、トラフィックがほとんど発生していなかった。
だから、今までのサーバーでも十分だったんだ。

でも、コンテンツマーケティングを軸にすれば、そのトラフィックは何倍、何十倍、何百倍にも膨れあがる。
・・・だから、サイトのステージに合わせたサーバー選びが重要になるってことか・・・。

そうだ。
サーバーはお前たちの「ビジネスの砦」。それを忘れるな。

お、おう！！

せっかくなので、もうひと言アドバイスをしておくわ。

昔のWebはネット全体のトラフィックの量が少なかったから、503エラーなんてあまり見かけなかったけれど、今のWebは違うわよね。

昔のWebにはなく、今のWebにあるものって何だかわかる？

・・・あっ・・・！
ソーシャルメディアの存在ですね・・・！！

ご名答。
今はTwitterやFacebookをはじめとしたソーシャルメディア隆盛の時代。

数年前とは比較にならないくらいのトラフィックが、日々様々なサイトで発生しているわ。

だからこそ、サーバーを選ぶときは、トラフィックを十分にさばけるかどうかを確認しておく必要がある。

特に、今のマツオカのサイトのように、コンテンツマーケティングに力を入れているサイトはなおさらだな。

大切なのは、ソーシャルメディアからの急激なトラフィックに耐えられるかどうか。

503エラーが頻繁に出るということは、それだけ、**多くの人にコンテンツを知ってもらえる「機会」を損失しているということ**よ。

機会損失・・・！！！

なるほど・・・！
そう考えると、サーバー選びを慎重にしなきゃいけない理由がわかりますね・・・。

そう。
トラフィックの急増なんていつ発生するかわからないものよ。
・・・でも、**トラフィックが発生してから対策を打っていては、遅い**の。

先手、先手で対策を打っておく必要があるってわけですね・・・！

よし。マツオカのサイトは第二ステージへ移行した。
今後の機会損失を防ぐためにも、移転先のサーバー候補を探し始めろ。

はいっ！！！

大事なのは「守り」の姿勢でサーバーを選ぶことではなく、**「攻め」**の姿勢でサーバーを選ぶことね。

503エラーで失ったチャンスは、もう二度と訪れない。

月々わずか数千円の節約をしたことで、大事なビジネスチャンスを逃すのなんて、本末転倒だから。

日本のWebはどうもサーバーに投資をしない傾向にある。
どうでもいい広告には予算を注ぎ込むが、ビジネスの砦となるサーバーに予算を回さないのが、俺は理解できん。

おっしゃる通りです・・・。
攻めの姿勢で選んでみます・・・！

吉田。
新しいサーバーを借りた際は、このツールも導入しておけ。

ツール・・・！？

はあああああああ・・・！！！

ま、また、何か来るっ！！！

カッ!

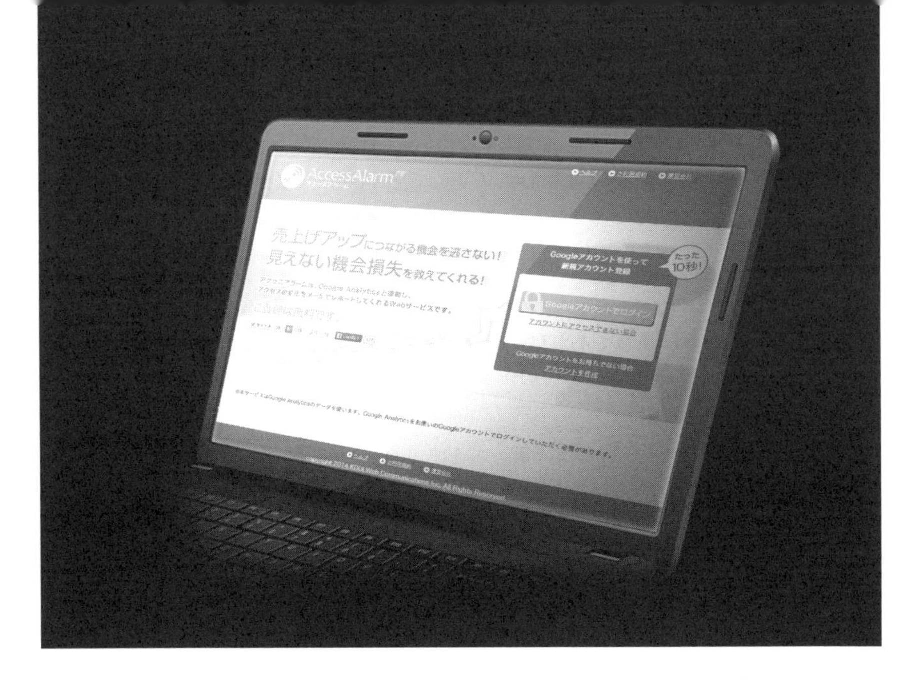

！！？

こ、これは・・・！

アクセス監視ツール**「アクセスアラーム」**。
サーバーに503エラーが出たときに、メールやチャットワークに通知してくれる便利なサービスよ。

503エラーが出たときに通知・・・！？
そんなサービスがあったんですね！

503エラーはGoogleアナリティクスなどでは検知できない。
いつ起こっていたかもわからない。
だから、このツールを使っておくの。

このツールを導入したことで、自分のサイトが知らない間に機会損失に見舞われていたことに気づいたサイトオーナーは多いわ。

そして、もし、アクセスアラームからの503エラーの通知が多いようであれば、そのサーバーも乗り換えた方がいい。

な・・・ なるほど・・・！

説明しよう！

「アクセスアラーム」とは、サイトへのアクセス状況を監視・通知するサービスである。Google アナリティクスと連動し、日々のアクセス状況をレポートとして、メールやチャットワークに通知してくれる。
また、Google アナリティクスでは検知できない「503 エラー」も検知してくれるため、自分のサイトでどれくらい 503 エラーが発生しているかも教えてくれる。
まさに、Web サイトの「潜在的な機会損失」を知るためのツールなのだ。

▶ **「アクセスアラーム」のサイトを見る**
https://access-alarm.jp/

お前たちのコンテンツマーケティングは順調に進んでいる。その進行を妨げないためにも、新しいサーバー選びは急務だ。憂いを徹底的に取り除き、戦略を爆速で進めていくぞ・・・！

はいっ！！

現在、マツオカのサイトの「オーダー家具」での検索順位は3位。このまま1位を目指すわよ！

な・・・　なんだと！？
マツオカのサイトが検索順位を上げてきている・・・！？

はっ、はい・・・。
本日確認したところ、3位になっております・・・。

さ、3位・・・！？
なぜ、急に順位を上げてきたのだ・・・！？

このブログが原因のようでございます・・・。

・・・！？　このブログ、なんだこのツイート数は・・・！？
なぜ、これほどまでにバズっているんだ・・・！？

風の噂によると、マツオカのWebデザイナーの「タカハシ」と名乗る人物が、バズボンバーに弟子入りをし、コンテンツマーケティングのノウハウを学んだらしく・・・。

なっ・・・！　ど、どういうことだ・・・！？
バズボンバーめ、何を考えている・・・！！？

遠藤社長！　米国本社からご連絡です。
リンク会長が緊急で話したい・・・と。

・・・！！
分かった。今からつなげると伝えてくれ。

遠藤だ。
リンク会長とつなげてくれ。

ハ～イ。
遠藤ちゃ～ん。

はっ！　リンク会長！
本日はいかなるご用命でしょうか・・・？

え～とね～。
アタシ、今、すっごく機嫌が悪いの。

・・・！！

遠藤ちゃん、前に言ってたよね〜。
「ボーンを徹底的に叩きつぶす」って。

でも、さっき知ったんだけど、ボーンにコテンパンにやられているみたいじゃない〜。

そ、それはですね・・・！

だまらっしゃいっ！！！

・・・！！！！！

あのねー、ガイル・マーケティング社はだねー、ボーンのような馬の骨に振り回されていい会社じゃないの。

このままボーンのやつに負けるようなことがあれば・・・。

遠藤ちゃん、あなた、“首”だからね。

・・・くっ・・・！！

じゃ、今日はそれだけ。
リベンジ期待してるわよ〜。

く・・・くそおぉおぉおー！！！！！！

ボーンのやつめ・・・！！！　絶対にゆるさんぞ・・・！！

・・・遠藤社長

・・・！！？　なんだ、井上・・・！？

私めに、提案がございます。

提案・・・！？

お忘れではございませんか？
我々には、前回の調査で仕入れたボーンの“あの情報”がございます。あれを使わない手はございません。

どうやら、何か思いついたようだな・・・。

はい。
たまには、荒療治も必要かと・・・。

なるほど・・・！
少々手荒ではあるが、ヤツとマツオカを手っ取り早く葬り去るにはその手しかあるまい。

では、私めは準備の方にかかります。

・・・。フフフ・・・。
ハーッハッハッハ！！

ボーンめ・・・！
この遠藤を怒らせたことを後悔するがよいわ・・・！！！

――そして、運命の日はやってきた

めぐみさん！！
すごいところから問い合わせが届いてますよ！
あの「Web マーケティングプレス」からの取材依頼です！

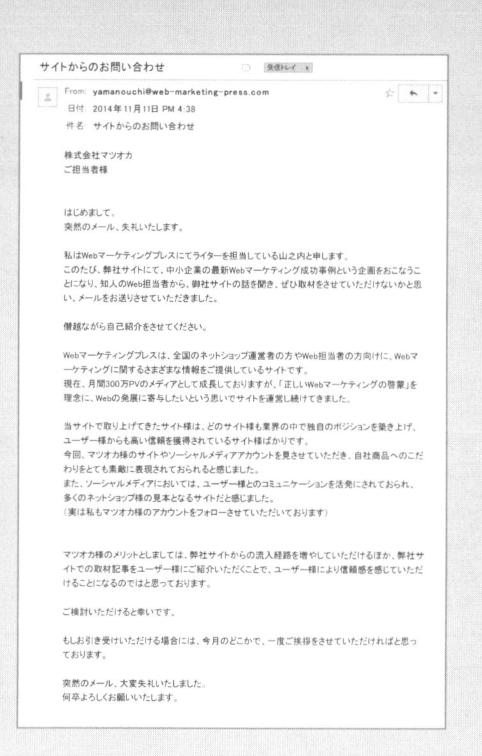

サイトからのお問い合わせ　　受信トレイ x

From: yamanouchi@web-marketing-press.com
日付: 2014年11月11日 PM 4:38
件名: サイトからのお問い合わせ

株式会社マツオカ
ご担当者様

はじめまして。
突然のメール、失礼いたします。

私はWebマーケティングプレスにてライターを担当している山之内と申します。
このたび、弊社サイトにて、中小企業の最新Webマーケティング成功事例という企画をおこなうことになり、知人のWeb担当者から、御社サイトの話を聞き、ぜひ取材をさせていただけないかと思い、メールをお送りさせていただきました。

僭越ながら自己紹介をさせてください。

Webマーケティングプレスは、全国のネットショップ運営者の方やWeb担当者の方向けに、Webマーケティングに関するさまざまな情報をご提供しているサイトです。
現在、月間300万PVのメディアとして成長しておりますが、「正しいWebマーケティングの啓蒙」を理念に、Webの発展に寄与したいという思いでサイトを運営し続けてきました。

当サイトで取り上げてきたサイト様は、どのサイト様も業界の中で独自のポジションを築き上げ、ユーザー様からも高い信頼を獲得されているサイト様ばかりです。
今回、マツオカ様のサイトやソーシャルメディアアカウントを見させていただき、自社商品へのこだわりをとても素敵に表現されておられると感じました。
また、ソーシャルメディアにおいては、ユーザー様とのコミュニケーションを活発にされておられ、多くのネットショップ様の見本となるサイトだと感じました。
（実は私もマツオカ様のアカウントをフォローさせていただいております）

マツオカ様のメリットとしましては、弊社サイトからの流入経路を増やしていただけるほか、弊社サイトでの取材記事をユーザー様にご紹介いただくことで、ユーザー様により信頼感を感じていただけることになるのではと思っております。

ご検討いただけると幸いです。

もしお引き受けいただける場合には、今月のどこかで、一度ご挨拶をさせていただければと思っております。

突然のメール、大変失礼いたしました。
何卒よろしくお願いいたします。

Web マーケティングプレス・・・！？

はい、Web マーケティングに関する情報が集まる、国内最大のWeb 業界向けポータルサイトです！

ど、どうして、そんなすごいサイトがうちなんかに取材依頼を…！？

どうやら、一部の Web サイト界隈で、マツオカのサイトがすごいことになっているって噂なんです。

えっ、で、でも、うちが Web マーケティングに力を入れ始めたことって、どこにもアナウンスしてないわ。

多分、どこかのITに明るい会社のWeb担当者がマツオカのサイトを見ていて、マツオカのソーシャルメディア運用や、検索結果での上位表示状況などを知って、密かに注目してくれていたんですよ。
「Webマーケティングプレス」から取材依頼が来るなんて、本当にすごいです！！

へへへ。
なんだか、うちもメジャーな企業の仲間入りって感じだよなあ。

はははは。本当ですよね。
日本、いや、世界に羽ばたくマツオカ！
なんちゃって！

もう、二人とも！　からかわないで！

すごいわね。
マツオカもここまで来たってことね。

ヴェロニカさん・・・。

取材依頼が来たということに関しては、素直に喜んでいいわよ。
それだけマツオカが成長したってことだもの。

ありがとうございます・・・！
でも、うちがここまで成長できたのは、ヴェロニカさんやボーンさんのおかげです。
本当にありがとうございます・・・！

いいえ、私たちは”きっかけ”を与えたに過ぎないわ。
あなたたちは私たちのアドバイスに素直に従い、行動してくれた。
だからこそ、マツオカは復活したの。
あなたたちの力よ。胸を張りなさい。

・・・！
あ、ありがとうございます・・・！

・・・。

ボーン。
そういえば、あなたから最後のアドバイスがあったわよね。

ああ。

めぐみさん、高橋くん、吉田くん、よく聞いて。
ボーンからの最後のアドバイスよ。

えっ、さ、最後！？

そろそろ、コンサルの契約期間も終了だ。
お前たちは十分に成長した。もう、俺たちの力は必要ない。

えっ！！？
ボ、ボーンのアニキ、まだ俺たちのそばにいてくれよ！

そ、そうです！！　シリコンバレーでは、あなたのようなWebマーケッターはいなかった！
僕はあなたに教えてほしいことがまだまだあるんです！

フフフ、大袈裟ね。
ボーンは死ぬわけじゃないんだから。

あなたたちがピンチになったら、いつでも駆けつけるわよ。
もちろん、コンサルフィーはしっかりいただくけどね。

ヴェロニカさん・・・。

うっ、ううう・・・。

よし。・・・最後のアドバイスを伝えるぞ。

・・・！！！
はっ、はい！！！

今回の取材は受けるな。

え・・・！！

へ？？？

な、なぜなんだ！！？
Web マーケティングプレスっていうと、Web 業界では知らない人がいないほど有名なサイトだぜっ！！？

そ、そうですよ！ うちの知名度もアップするし、何より、取材されたコンテンツはソーシャルメディアで拡散されて、自然なリンクもたくさん獲得できるはずです！

ボ、ボーンさん、なぜ・・・？

その答えは自分たちで見つけるんだ。

じ、自分たちで・・・。

――その日の夜

ボーンさんはなぜ取材を受けちゃダメって言ったのかしら・・・。自分たちで考えろって言われたけど、3人で考えてもわからなかった・・。

ボーンさん、私たちに何を伝えたいのかな・・・。

う・・・ん、あれ・・・　おかしいなあ・・・。

・・・？
あの人、しゃがみこんで何をしてるの？

あ、す、すいません、ちょっとコンタクトを落としてしまいまして・・・。

コンタクト・・・！　それは大変です！
私も探します・・・！

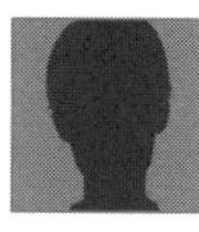

ありがとうございます・・・！！

えっと・・・、スマホのフラッシュでこのあたりを照らせば見つかるかも・・・。

・・・。
マツオカメグミだな・・・。

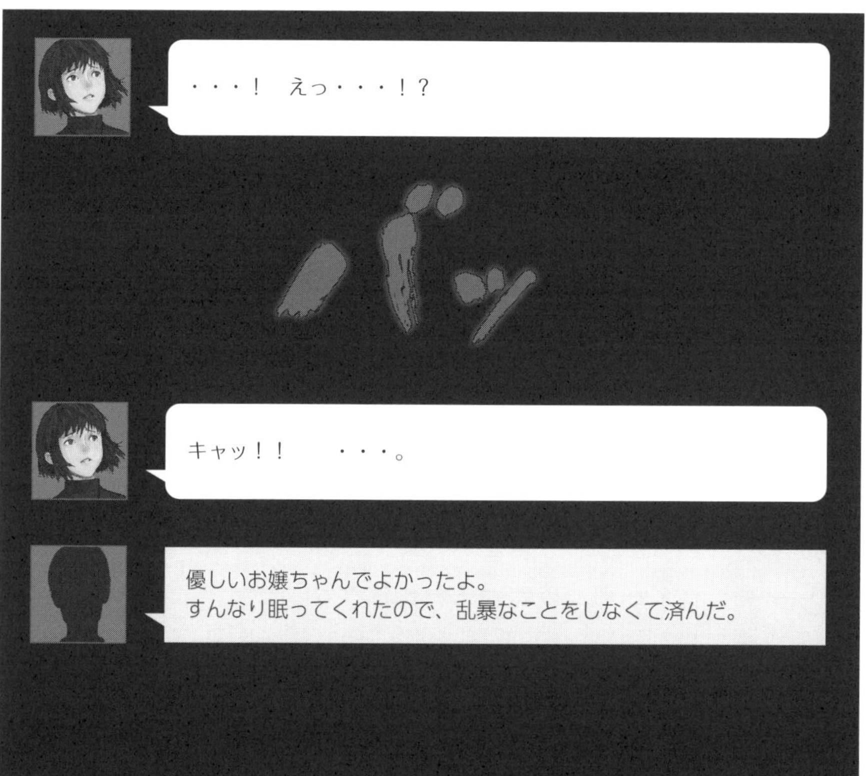

●
●
●

——次の日

ええっ！　めぐみさんが出社してない！？

そ、そうなんです。
携帯に連絡してもつながらなくて・・・。

今まで会社を無断で休むことなんて一度もなかったのに・・・。
どうしたんだろ、めぐみさん・・・。

・・・・！？　た、高橋さん！！
こ、このメール・・・！！

メール・・・！！　**こ、これは・・・・！！**

おはよう、二人とも。
昨日のボーンのアドバイスの意味はわかったかしら？

ヴェ、ヴェロニカさん、大変なことになりました！！

大変なこと？

こ、このメールを見てください・・・！！

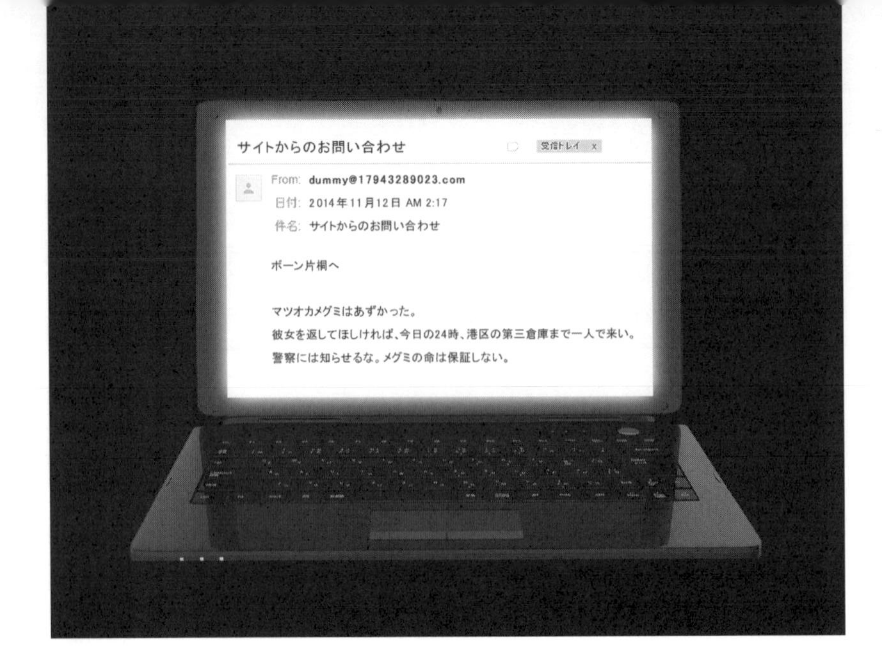

「ボーン・片桐へ。 マツオカメグミはあずかった。
返してほしければ、明日の24時、港区の第三倉庫まで一人で来い。警察には知らせるな。メグミの命は保証しない」

い・・・ 一体誰が・・・！？

め、めぐみさん・・・！！

ボーン！ これって・・・！？
まさか・・・！！

・・・！！

コンテンツマーケティングが軌道に乗り、その存在感を高め始めたマツオカの Web サイト。
その成功の影で、邪悪な力が動き始めていた。

ガイル社の井上にさらわれためぐみ。
果たして、彼女は無事なのか？

マツオカのサイトを巡る戦いは、ついに終止符を迎える・・・！

――次回、沈黙の Web マーケティング最終話

EPISODE 09「さらばボーン！　沈黙の彼方へ」

今夜も俺のインデックスが加速する・・・！

広報・吉田の基本解説

503エラーは重大な機会損失！

広報・吉田

苦労して作り上げたコンテンツも、サーバーの制約によっては、十分に露出できないケースがあります。
第8話では、巻のレンタルサーバーの真実が明らかになりました。レンタルサーバーをただの固定費として考えるのではなく、ビジネスの砦として、「攻めの投資」を行なうべきだとボーンさんは言いました。ここでは、サーバーにどんな投資をすればベストなのかを解説します。

503エラーを防ぐための対処法

ソーシャルメディアから急激なアクセスが集まると、「503 Service Unavailable（以下、503エラー）」という表示が出て、サイトが見れなくなるケースがあります。このエラーメッセージは、サーバー側が設定した「同時接続数」を超えた際に表示されます。実は、この同時接続数はサーバー会社によって異なっているため、503エラーの出やすさはサーバー会社ごとに異なるのです。

それでは、この503エラーを防ぐためにはどうすればよいでしょうか？それには、以下の3つの方法しかありません。

① スペックの高い共用サーバーを検討する
② 共用サーバーではなく、「専用サーバー」などを検討する
（回線のスペックには注意する）
③「キャッシュ」の技術を用いて、サーバーの負荷軽減を行なう

① スペックの高い共用サーバーを検討する

503エラーを防ぐ最も手っ取り早い方法は、スペックが高く、それなりの値段のする共用サーバーを使うことです。安価な共用サーバーの場合は、1つのサーバーにたくさんのユーザーが格納されているケースがあり、503エラーが出やすい場合があります。

②「専用サーバー」などを検討する

続いてオススメしたいのが、共用サーバー以外のサーバーを借りることです。たとえば、「専用サーバー」はよいでしょう。

専用サーバーは、文字通り、あなた専用のサーバーです。サーバー1台分のスペックを丸ごと使えますので、同時接続数もある程度余裕があります。また、マネー

ジドプランを選べば、サーバー会社が細かな設定を行なってくれますので、サーバーの知識がない方も運用することができます。

③「キャッシュ」の技術を用いて、サーバーの負荷軽減を行なう

サイトによっては、そのサイトで使われているプログラムなどが原因で、1度のアクセスに対してたくさんのセッションが起きているケースがあります。そうなると、実際のアクセス数よりも多くのアクセスが発生しているようにサーバーが勘違いをしてしまい、同時接続数の上限にすぐに達してしまうのです。

この問題を防ぐためには、プログラムのセッション数を減らすよう、サイトの構造を見直さなければなりません。たとえば、データベースへ頻繁にアクセスするようなサイトの場合、「キャッシュ」と呼ばれる技術を用いて、セッションを減らすことが必要になります。

キャッシュとは、簡単にいえば、データベースの呼び出し回数を減らすために、本来は動的であるコンテンツを「静的」なコンテンツにすることを指します。

たとえば、WordPressには「WP Super Cache」というキャッシュ用のプラグインがあります図1。このプラグインを使うことで、本来、毎回データベースへアクセスしてコンテンツを動的に取得している処理を、毎回データベースへアクセスしなくて済むよう、静的な処理に変更できるのです(ただし、手動でのキャッシュ化は都度必要です)。

「WP Super Cache」のプラグインのように、動的なコンテンツを静的なコンテンツとしてキャッシュ化する方法はいくつかあり、訪問者のPCからWebサーバーまでの間にキャッシュを置く方法もあります。それには、「CDN(Contents Delivery Network)」と呼ばれるサービスを導入します。

また、キャッシュ化以外にも、サイトの表示自体を高速化することで、ある程度、サーバーへの負荷軽減を実現することができます。

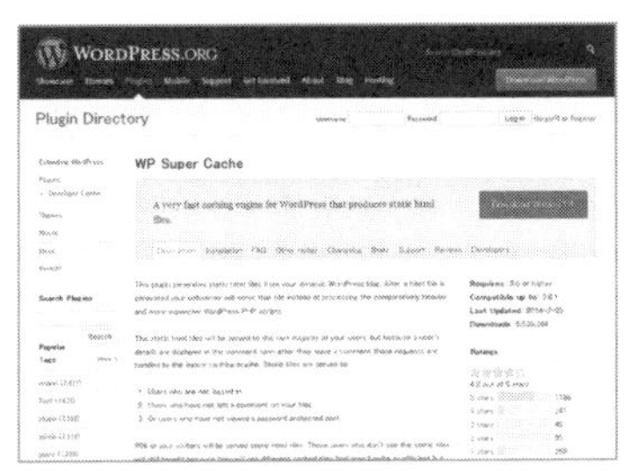

図1 WP Super Cache

レンタルサーバーの種類とメリット・デメリットを知っておく

サーバーにはいろいろな種類があるため、サイトの規模やエンジニアがいる・いないに合わせて選ぶことも有効です。

そこで、まずは一般的なレンタルサーバーの種類ごとの違いを簡単に解説しましょう。次のページに、代表的なレンタルサーバーのサービス形態である「共用サーバー」、「VPS」、「専用サーバー マネージド」、「専用サーバー ルートフリー」の4つについてそれぞれの違いをまとめました。

	共用 サーバー	VPS	専用サーバー マネージド	専用サーバー ルートフリー
サーバースペック	低い	高い	高い	高い
拡張性・カスタマイズの自由度	低い	高い	普通	高い
ユーザーに必要な知識度	初心者	中級者以上	初心者以上	中級者以上
運用・管理	サーバー会社任せ	専門知識が必要	サーバー会社任せ	専門知識が必要
その他	ほかのユーザーの影響を受けやすい	ほかのユーザーの影響を受けにくい	ほかのユーザーの影響はいっさい受けない	ほかのユーザーの影響はいっさい受けない
503 エラーの出やすさ	出やすい	出にくい	出にくい	出にくい

この表で紹介した以外に、「クラウド」と呼ばれるサーバー種別もあります。クラウドとは、必要な機能を付け足して運用できる仮想サーバーのことです。ソーシャルゲームなどの高負荷のWebサービスにおいては、AWS（アマゾン・ウェブ・サービス）をはじめとした、クラウドを利用するケースが増えてきています。ただ、クラウドは高い専門知識が必要なため、サーバーに詳しくない方が借りるのは危険です（VPSやルートフリーの専用サーバーも高い専門知識が必要です）。

では、それぞれのサーバーの特徴を家に例えて見ていきましょう。

① 共用サーバー

もっとも手軽に借りられるサーバー。シェアハウスの1部屋を借りるイメージ。家具なども既に設置され、その日から生活をすることができます。自分の部屋で過ごすのは自由ですが、「BS放送は映りません」、「ペットは飼えません」などの大家さんからの制限があります。

また、隣人に迷惑のかかる行為は禁止されているのですが、隣人に恵まれないと、毎夜ドンチャン騒ぎをされて、生活に悪影響が出てきます……。

② 専用サーバー（マネージド）

共用サーバーの次に借りやすいサーバー。専用の執事のいる一戸建てを借りるイメージ。設計の段階から「間取り」や「部屋の広さ」など、ある程度自由に決めることができます。

また、サーバーに詳しい執事にいろいろサポートしてもらえます。たとえば、サーバーへの不正アクセスも監視して対応してくれますので、安心です。入居後も自由に部屋を増やしたり、内装を変えたりなど、いろいろなことができますが、執事の許可が必要です。

ちなみに、一戸建ての規模は、サーバー会社によって違います。サーバーにあまり詳しくない方で、スペックを求める方はこのプランがよいでしょう。

③ 専用サーバー（ルートフリー）

サーバーの運用・構築に関する知識のある方が借りる専用サーバー。誰にも束縛されない一戸建てを借りるイメージ。執事がつかない分、少し安くなっています。

設計の段階から「間取り」や「部屋の広さ」など、自由に決めることができます。入居後も自由に部屋を増やしたり、内装を変えたりなど、いろいろなことができますが、すべて責任を負わなければならないため、「窓を割られた」などの場合も自分で対応をする必要があります。サーバーへの不正アクセスが起こった際も自分で対応しなければいけません。

ちなみに、一戸建ての規模は、サーバー会社によって違います。

④ VPS

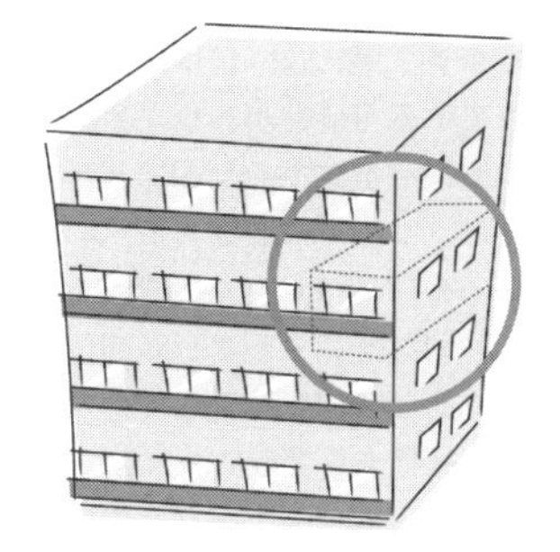

サーバーの運用・構築に関する知識のある方が借りるサーバー。専用サーバーよりも安価で、マンションの1室を借りるイメージ。「ペットを飼う」、「ピアノの練習をする」など、マンションの規約の範囲の中で、自分の好きなように使えますが、何もない状態で受け渡されるため、自分で家具を購入したり、生活空間を整えないといけません。

家賃は共用サーバー（シェアハウス）より高いですが、専用サーバーに比べると非常に手軽に借りることができます。ただし、隣近所への影響を避けるため、「出せる水の量は制限します」といったマンション規約があります。

1つのサーバーでWeb-DB構成を自分で構築するなど、自由に構成をすることができますが、「転送容量」に制限があるケースが多いため、大きなアクセスには耐えられないことがあります。

⑤ クラウド(cloud)

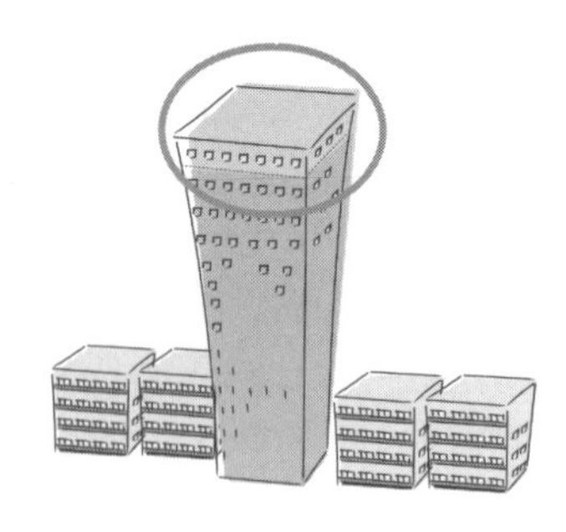

サーバーの運用・構築に関する知識のある方が借りるサーバー。超高級マンションの1フロア借りのイメージ。借りたフロアに関しては自由に使えますが、自分で生活空間を整える必要があり、VPS(一般のマンション)に比べて家賃が高めになっています。瞬間的なトラフィック増加などの際は、複数のサーバーが追加できるなど融通が利きます(ただし、そこで追加されるサーバーは物理的なサーバーではありません)。

超高級マンションですので、急なパーティーが決まっても、ほかのフロアのパーティールームを1時間単位で借りられたりと、お金持ちならではの融通のきく運用が可能です。AWS(アマゾン・ウェブ・サービス)などが有名です。

サーバー会社を比較する際にチェックしておきたい3つの項目

①「ネットワーク回線」の強さを必ずチェックする!

実は、サーバー会社各社で最も異なるポイントの1つが「ネットワーク回線」です。ページビュー数が多かったり、同時アクセスが多い(たとえば、Googleアナリティクスのリアルタイムアクセスが200を超えるような)サイトを運用するならば、回線周りのバックボーンとオプションの確認は絶対に必要です。

ネットワーク回線の強さを測るキーワードとして、「転送量」と「回線速度」があります。「転送量」については、サーバー会社やプランによって「上限値」が設けられている可能性があります。また、「回線速度」については、専有回線のオプションや、バックボーンがあるかどうかがポイントになります。サーバー会社によっては、サーバーが海外(アメリカ、シンガポールなど)にあることで、「サーバーの応答」が遅いケースがあります。

強靭なインターネット回線を持っている会社もあれば、公式サイトには回線の具体的な情報を掲載していない会社もあります。このあたりは事前にサーバー会社に確認するようにしましょう。

では、ネットワーク回線の強さが、アクセスにどう影響するかを説明しましょう。たとえば、本書の沈黙のWebマーケティングのサイトのTOPページは、画像などを多用しているため、1ページで「327.97KB」のデータ転送が起こります。1Byteは8bit。つまり、「1KB/s=8Kbps」ですので、この場合、ひとりの

図2 KDDIウェブコミュニケーションズ社のCPIサーバー

ユーザーがページを見ると「約2.5Mbps(2,623.76kbps)」の転送量が発生します(理論値であり、キャッシュ・ヘッダ情報・リトライ処理などは考慮していません)。

つまり、バックボーンが100Mbps共有(ベストエフォート)だった場合、同時に「40アクセス」が来ただけで、回線の容量オーバーとなってしまうのです。この40アクセスという数字は、Twitterなどでコンテンツが拡散され、たくさんの人の目に留まった際、簡単に発生しうる数字です。そのため、可能な限り、100Mbps以上の回線(1Gbpsなど)の容量の大きな回線につながっているサーバーを選ぶようにしてください。

国内でこの回線基準をクリアしているサーバーはいくつかありますが、たとえばKDDIウェブコミュニケーションズ社のCPIサーバーは、KDDIグループの堅実なバックボーンを使い「1Gbps」というネットワーク回線を提供しています図2。

沈黙のWebマーケティングのサイトは同社のサーバーを採用しており、ソーシャルメディアからの急激なアクセスにも耐えています。

②「サーバースペック」や「スケーラブル」可能かどうかを必ずチェックする！

「サーバースペック」とは、「CPUクロック数」や「コア数」、「メモリ容量」、「RAID」などの総称。共用サーバーのプランでは、1台のサーバーのCPUを複数ユーザーで共有するので、各サーバー会社の公式サイトでは具体的なスペックが公開されていない場合があります。ですが、安心を得ようと思うなら、具体的なスペック情報をもとに吟味したいものです。契約する前にサーバー会社に確認してみてもよいでしょう。

また、最近の共用サーバーには、スペックが「スケーラブル」なものがあります。「負荷を平準化する機能」を備えることにより、同居しているほかのユーザーの影響を受けるデメリットを最小限に抑えられるというわけです。

また、共用サーバーの親サーバーがハイスペックであることが前提ですが、メモリやハードディスクを、サーバー契約後に自由に増設できる場合があります。

③ もしもの時のサービスが充実しているかをチェックする！

サーバーのトラブルはいつ何時、どのように起こるかはわかりません。また、誤ってサイトの情報を削除してしまった、ということもあるかもしれません。そんなとき、「自動バックアップサービス」が提供されていると安心です。また、サーバーの設定などで迷った際に、サーバー会社にすぐに連絡できる仕組みもあった方がよいでしょう。24時間365日の電話＆メールサポートがあれば、さらに安心です。

自動バックアップサービスや24時間365日サポートを提供しているレンタルサーバーは、先ほどのCPIサーバー以外にも、国内にいくつかあります。あなたのサイトに合ったサーバーを選ぶとよいでしょう。

ちなみに、サーバー会社を選ぶ際にオススメしたいのが、その会社で働く人たちと実際に会い、活き活きと働いているかどうかで選ぶことです。サーバー自体はハードウェアですが、そのサーバーを管理するのは「人」です。そして、サービスの窓口に立って対応してくれるのも「人」です。サーバーに関する仕事は、まさに「サービス業」なのです。ただスペックだけで選ぶよりも、サーバー会社のイベントなどに出席し、そこで働く人たちに触れてから選ぶのもよいでしょう。

サーバーは1度契約すると、乗り換えるには金銭的なコストだけでなく、時間的なコストも発生します。そのため、あなたと本当に相性の合ったサーバーを見つけるようにしてください。

吉田守のまとめ！

■ **「503 Service Unavailable」というエラーに注意する**

コンテンツがソーシャルメディア上でバズり、アクセスが殺到したとき、「503 Service Unavailable」というエラーが出ていないか気をつける。

■ **503エラーは「同時接続数の制限」が原因となって起こる**

503エラーが頻繁に出るということは、サーバー会社の設定が原因となっている場合がある。必要に応じて、サーバー会社に確認する。

■ **503エラーが頻発するサーバーは乗り換える**

503エラーが頻発するということは、それだけ機会損失をしているということなので、サーバー乗り換えを考える。

[前回までのあらすじ]

サイトリニューアル以後、順調に売上げを伸ばしていたマツオカのサイト。その大躍進はメディア関係者の耳にも入り、取材依頼が届くようになる。

しかし、ボーンはめぐみたちに取材を受けさせない。

「なぜ取材を受けてはいけないのか？」
そこにはボーンが考える“成功者ならではの掟”があった。

そんな中、めぐみはガイル社の手によってさらわれてしまう。

今、ボーン・片桐の最後の闘いが始まる・・・！

う・・・　ううう・・・、こ、ここはどこなの？
わ、私は一体・・・。

気がついたか、松岡めぐみ。

——その頃マツオカでは

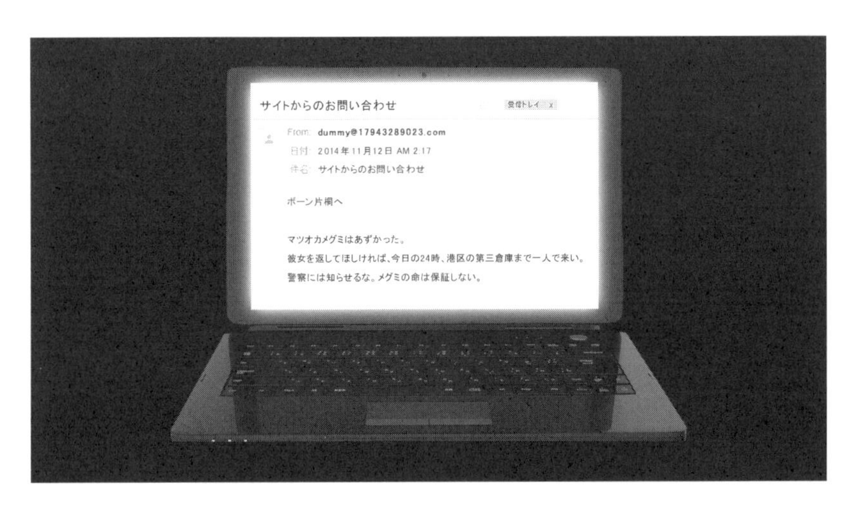

・・・・24時に港区の第三倉庫・・・

「めぐみさんの命を保証しない」って・・・。
これって警察に知らせた方がいいんじゃないか。

で、でも、警察に知らせると、めぐみさんの命が・・・。

・・・！！

・・・慌てるな。　俺がめぐみを助け出す。

そ、そんなボーンさん、危険すぎますよ！！
犯人はどんなやつかわからないのに・・・！！

・・・大丈夫だ。
お前たちはいつも通りにサイトを運営しておけ。

う、運営っていったって・・・

ボーン・・・！

・・・今夜はいつもよりインデックスが加速しそうだな。

EPISODE
09

さらばボーン！沈黙の彼方に！

・・・ここか

防音扉か。

はあああああ！

ギ・・・ギギギギ・・・

バンッ

ボ・・・　ボーンさん！！！！！

・・・！

おおっ！？　何だこいつ、いきなり入ってきやがったぜ！？
誰だ～　お前は～！！？

・・・。

ボ、ボーンさん！！
危ないです！！　逃げてください！！

ハッハッハッ！！　よく来たな、ボーン・片桐。
・・・いや、ジェイムス・ボーン！

・・・**お前は**・・・。

ガイルマーケティング、執行役員「遠藤」。

・・・おっと！　古い肩書きは持ち出さないでくれ。
俺は今やガイルマーケティング日本法人の社長だ。

・・・。

・・・フフフ・・・。お前に会うのは5年ぶりだな。
まさか、お前がまだWebマーケッターとして生き残っていたとはな。

めぐみを解放しろ。　・・・お前たちの望みは何だ？

フッフッフ・・・。
Webの市場からお前に消えてもらうことだ。

・・・！

お前がマツオカのWebコンサルティングを引き受けたことは知っていた。
我々に挑んだことを後悔させてやろうと思ったが、まさか、あそこまでマツオカのWebサイトを立て直すとはな。

おかげで、俺に対するリンク社長からの信頼はガタ落ちだ。

今もリンクを販売し続けるお前たちに、未来はない。

ハッハッハ！
闇の Web マーケッターに堕ちたお前がいっぱしの口を利いてくれるではないか。

表舞台に二度と立てぬよう失墜させてやったはずなのに、まだ懲りてないようだな。

・・・失墜・・・？　何のことだ？

フフフ・・・。　こいつは驚きだ・・・。
さすがのお前も気づいていなかったようだな。

5年前、P社のソーシャルメディアを炎上させたのは俺だ。

・・・ジェイムス・・・！　P社のFacebookページやTwitterの公式アカウントに、たくさんのコメントが飛んできてるわ。この記事が原因みたいよ・・・。

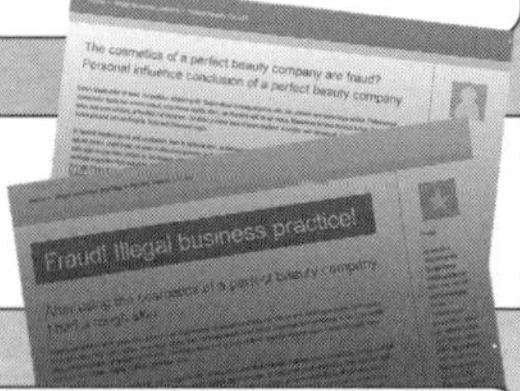

こ、これは・・・！？
なんだこの記事は・・・！？

P社の化粧品を購入した顧客が書いた記事みたい。
化粧品を使ったら、ひどい肌荒れが起きたって書いてあるわ。

しゃ、社長・・・！！　一体誰にやられたんですか・・・！？

ガ・・・ガイルマーケティング社には・・・気を・・・つけろ・・・。

しゃ・・・・　社長・・・！
い、いや、親父・・・！　しっかりしてくれ・・・！！

は・・・ははは・・・　育ての親である私をはじめて親父と呼んでくれたな・・・。うれしいよ・・・　ジェイムス・・・。

ガクッ

お・・・　親父ー！！！

・・・なんだと・・・？

あの一件でクロス社の地位を落とし、ガイル社の吸収合併を成功させた俺は、今こうしてガイルマーケティング社の日本法人の代表にのぼり詰めたというわけだ。

貴様・・・。
ボーン社長の命を奪ったのも、貴様か・・・？

はて、何のことやら。ニューヨークは物騒な町だ。
どこかの暴漢にでも襲われたんじゃないか。

・・・！

さて・・・。
これから消えゆく者とこれ以上話しても仕方がない。
お前たちにはそろそろ消えてもらおう。

・・・！！　ボーンさん！！　逃げて！！

・・・大丈夫だ。心配ない。

お前たち・・・　かかれっ！！

ひゃっはー！！！！

！！！！！

！！！？

グ・・　グフッ・・・。・・・な・・・なんだこい・・・つは・・・。
つ・・・つええ・・・。

ガクッ

ボーンさん！！

貴様・・・！！

天下のガイル社ともあろうものが、こんな二流の傭兵しか雇えないとはな。

・・・次はお前の番だ・・・！

くっ・・・！！！
・・・ククク　・・・ハッハッハ・・・！！！
ガイル社を見くびってもらっては困るな。
さすがのお前もこいつには勝てまい。

さあ、出番だ！　デイビッド！！

！！？

・・・お前は・・・！？

フシュー・・・・ッ。フシュー・・・・ッ。

どうだ？
クロス社の元同僚と再会した気分は？

えっ・・・！？
あの人がボーンさんの元同僚・・・！？

・・・お前たち。　デイビッドに何をした？

なーに、ガイル社の出資先である某軍事系会社で秘密裏に開発された「興奮剤」をテスト投与したまでだ。

なにっ・・・・！？

人間の脳に作用し、神経回路に刺激を与えることで、人間が持つ筋力を180%引き出す興奮剤らしい。
投与された者は正常な意識を保てなくなるため、ある程度の“調教”が必要になるのがネックだがな。

どれ、その効果をこの目で確かめてみるか。
さあ！　デイビッド！　ボーンを始末しろ！

ウガガガーッ！！！！！

・・・！！

フハハハハ！！！
元同僚に襲われる気分はどうだ！？
こいつの戦闘力は先ほどのやつらとは次元が違うぞ！

デイビッド！　目を覚ませ！

ハーッハッハ！！　無駄だ！　無駄だ！
今のこいつは、闘うことしか能のない野獣と化しておるわ！

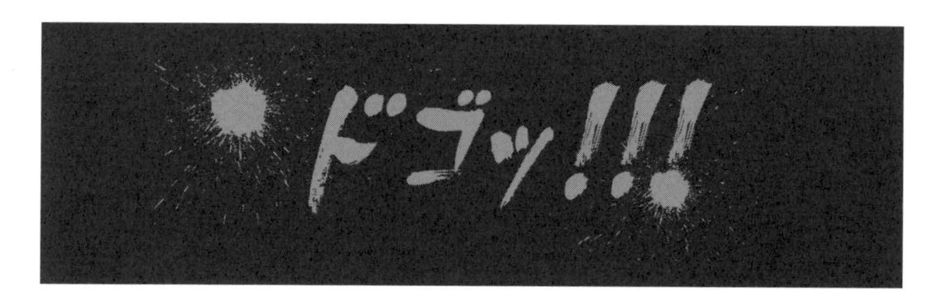

グフッ・・・！

ボーンさん！！！

ウガガーッ！！！！！

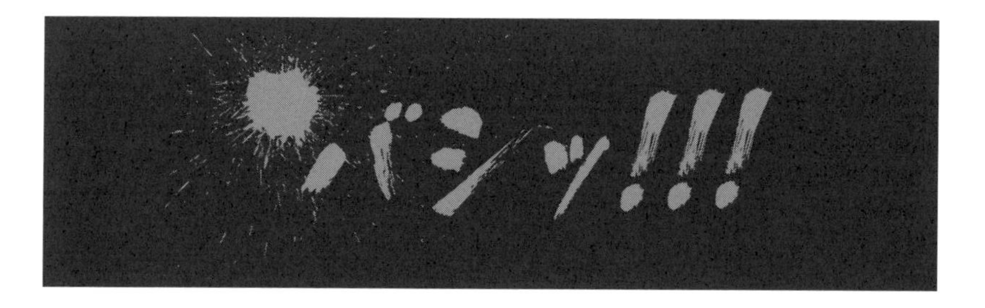

デイビッド！！
リスティング広告を運用していた頃のお前は、こんなやつじゃなかったはずだ・・・！

ハッハッハ！！　無駄だ無駄だ！
今のこいつにはお前の声など届いておらんわ！！

・・・！

ボーンさんの様子がおかしいわ・・・！
どうして右手を使わないの・・・！？　もしかして・・・

どうしたボーン！？　防戦一方ではないか！！
フハハハハハ！！！

ボーンさん・・・　もしかして・・・　腕を痛めているの・・・！？
はっ！！　私たちのWebサイトのために、その肉体を酷使してくれていたんだわ・・・！

クッ・・・！

さあ！　デイビッド！
ボーンにトドメをさせいっ！！

いやあああああああ！！！

ウガガーッ！！！！！

・
・
・

・・・ンさん、　ボーンさん・・・！

・・・？

よかった・・・！　目が覚めて・・・！

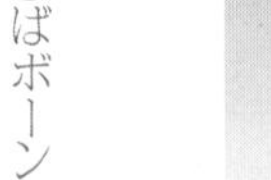

・・・遠藤たちは・・・？

今・・・　隣の部屋にいるようです。

・・・そうか。
・・・すまない。お前を助けに来たはずが・・・。

そ、そんなことないです！
私こそ、助けに来てくださった時、すごくうれしかったです・・・！

・・・。

マツオカのWebサイトは・・・　大丈夫でしょうか・・・。

安心しろ。高橋と吉田には運営の手を休めるなと伝えてある。

よかった・・・！　　あの・・・ボーンさん・・・。

何だ？

こんな時に聞くのは変かもしれないですけれど・・・。
昨日、「Webマーケティングプレス」から取材依頼が届いた時、
どうして「取材を受けるな」っておっしゃったんですか？

・・・その答えは自分で見つけろと言ったはずだが。

・・・あっ、そうでしたね・・・。
ごめんなさい・・・。

・・・「沈 黙」だ。

えっ・・・！？

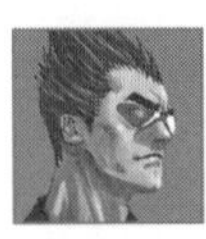

「沈黙」こそが、成功した者に課せられた掟だからだ。

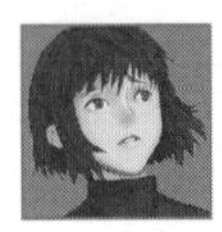

沈黙・・・。
その意味は・・・？

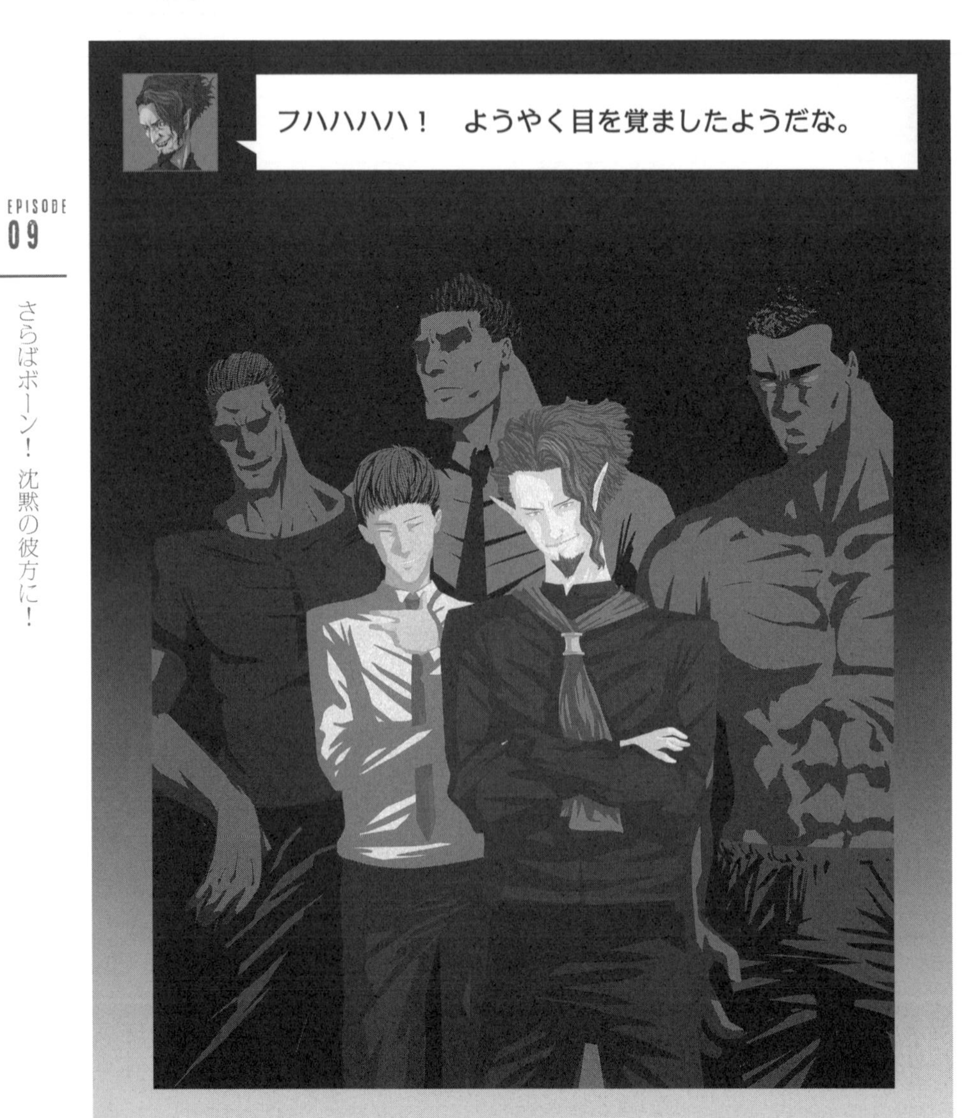

フハハハハ！　ようやく目を覚ましたようだな。

遠藤・・・！

さすがのお前も、戦闘マシーンとなったデイビッドにはかなわなかったようだな。

遠藤さん！　こいつ、俺たちでボコボコにしていいっすか！？
さっきの仕返しをさせてくださいよ。

まあ、待て。
こういうやつは肉体へのダメージなど苦痛に感じない。

だから、精神を責めてやろう。

・・・。

フッ、特に無反応という感じだな。
だが、この話を聞いて、お前たちは冷静でいられるかな？

話・・・？

何も知らず二人して並んでいるお前たちを見ていると笑えてくるわ。
ボーン・片桐、市場の原理に詳しいお前も、自分の秘密には無頓着だったようだな。

・・・どういうことだ？

お前と、その横にいる　松岡めぐみ が **“兄 妹”** だということだ。

！？

えっ・・・！！？

松岡めぐみよ、お前の父である松岡英俊は、その横にいるボーンを捨てた男だ。

ボーン、お前は、自分を捨てた父親の Web サイトをコンサルティングしていたのだよ。

・・・！！！

ど、どういうこと！！？
私のお父さんがボーンさんを捨てた・・・！？
ボーンさんと私が兄妹・・・！？

フハハハ！！　よかろう！

冥土の土産にお前たちの知らない真実を話してやろう！！

ガイル社のリサーチ力に感謝するんだな！

ボーン・片桐、いや、片桐健太郎。
またの名を、ジェイムス・ボーン。

お前はマツオカの現社長である「松岡英俊」と、
今は亡き「片桐エミ」との間に生まれた。

当時、松岡英俊は学生としてアメリカに留学していた。
その時、日系アメリカ人だった片桐エミと出会う。

アメリカの地で恋に落ちた二人だったが、すれ違いから二人は別れ、英俊は日本へ戻り、エミはこれまで通り、アメリカで暮らすことになった。

しかし、別れたあと、エミは気づく。
英俊の子を身籠もっていることに。

英俊と別れたエミは、その子を一人で産み、育てることを決意する。

やがて、一人の子供が生まれる。
エミはその子に「健太郎」という名前をつけた。

エミは、その子を女手一つで育て始める。
「父親は事故で失った」とウソをつきながらな。

・・・！！

エミはお前を養うため、街の求人板で見つけた仕事を始める。
その仕事の発注主こそが、お前の育ての父、
クラーク・ボーンだった。

一生懸命働くエミの姿に、クラークはいつしか心を奪われていた。
そして、二人はやがて恋に落ちた。

しかし、その矢先、不幸が襲う。
エミが重い病にかかり、命を落としてしまったのだ。

母を亡くし、一人きりになったお前を、クラークは養子として引き取ることに決める。
健太郎ではなく、「ジェイムス」という名前に改名してな。

その頃、エミと別れた英俊は、日本で別の女性と結婚し、家業の家具屋を継いでいた。

そこで生まれたのが、めぐみだ。

エミが亡くなった時、英俊にも連絡が入った。
その時、英俊は自分の子供が
生まれていたことを初めて知った。

アメリカへ渡った英俊は、
自分が健太郎の親だと名乗り出ることを
希望したが、クラークはそれを拒否した。

あの時の男が・・・　俺の実の父親・・・。

英俊はお前への援助を申し出たそうだが、知っての通り、クラークの会社は急成長し、大企業の仲間入りをしていた。

お前にとってはクラークの養子となる方が幸せになれる、そう考えた英俊は、お前の元から姿を消すことを決意した。

英俊にとって、お前との唯一の接点は、英俊がエミの葬儀から持ち帰ったひと欠片の遺骨と、その遺骨が眠る日本の墓なのだ。

母さんの墓に花を供えていたのが・・・　松岡英俊・・・！

その墓に眠る女性は、さぞ愛されておったのじゃろう。
毎月必ず、ある男性が献花しに来ておった。

・・・ある男性？

墓地を訪れる者が少なくなった昨今、珍しい男性じゃった。
お主と同じように、蘭の花を持って訪れておったよ。

・・・。

じゃが、その男性はここ３ヶ月ほど、姿を見せておらんのじゃ。
何かあったのかのう。

そ・・・　そんな・・・。

・・・。

英俊もまさか実の息子が自分の娘にコンサルティングをしているとは思いもよらないだろう。

あの時から 30 年近く歳を重ねたお前の姿を見て、自分の息子とは気付くまい。

ボーンさんが・・・。　私のお兄ちゃん・・・。

さて・・・。 お前たちにはそろそろ消えてもらおう・・・と言いたいところだが、せっかく手に入れた獲物だ。
搾り取れるものは搾り取っておく。

・・・！？

デイビッド！　あれを持ってこい！！

ウガガーーッ！

あ、あれは・・・！！　ボーンさんのノートPC！！

ボーンよ、セキュリティ対策としてノートPC自体の重量を重くするとは、さすがの発想だな。
しかし、このデイビッドの力にかかれば、このPCを開くことなど造作はない。

・・・！

ウ・・・ウガッ・・・ウガガ・・・！

ああっ！！　ボーンさんのノートPCの蓋が開く！

ハアッハアッ・・・。

フハハハハ！！！
ついにお前のPCの中身を見れる時が来たぞ！

世界最高を称するWebマーケッターがもつ情報を楽しませてもらうことにしよう。

・・・！

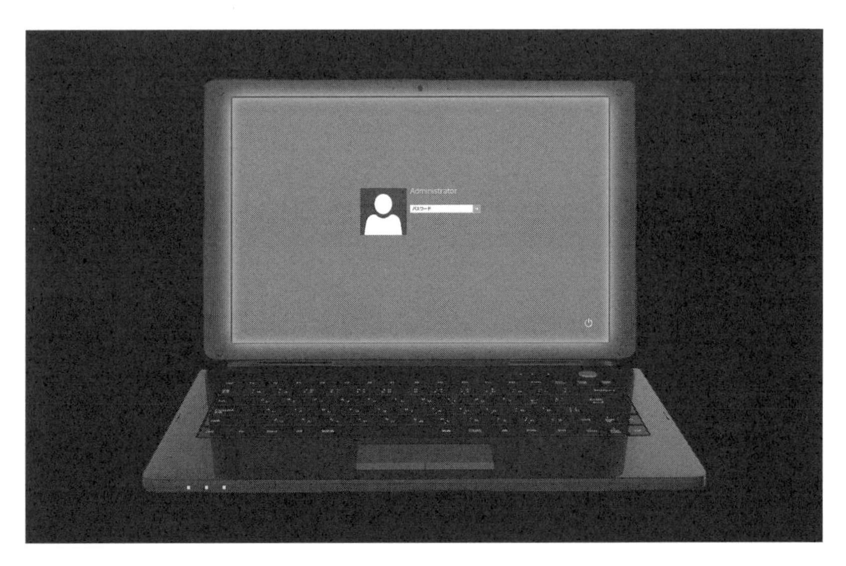

遠藤社長！　ノートPCは起動したんですが、ログインにはパスワードが必要なようです！

フッ、なるほど。
そう簡単にはアクセスさせてくれないということだな。

ボーン、パスワードは何だ？
大人しく言った方が身のためだぞ。

・・・。

まあよい。
言わぬなら、その横にいるお前の妹から聞き出すだけだ。

フへへへへへ・・・！！！

きゃ・・・　きゃあああああっ・・・！！

待てっ！
めぐみは俺のノートPCのパスワードは知らない。

フフフフ・・・。
では、お前の口からパスワードを言うんだな。
さもなくば、こいつらはお前の妹に何をするかわからんぞ。

グへへへへへ・・・！！！

「scand ＊＊＊＊」だ・・・。

ん？　何と言った？

・・・「scandskw」だ。

フッ、素直に教えればよいものを。

遠藤社長！
ログインができました！！

どおれ、どんな情報が詰まっているのか、楽しませてもらおう。

んんっ・・・？？

どうした井上？

このマシン、やけに動作が遅くて・・・。
フォルダが開くまでにかなり時間がかかります・・・。

・・・。

**なんだ、お前のマシン、動作がカクカクではないか！
世界最高の Web マーケッターともあろうものが、こんな遅いマシンで仕事をしているとはな！　笑わせてくれるわ。**

えっ・・・！？
以前、ボーンさんは「自分のマシンは世界最速だ」って言っていたけれど・・・

くっ、これはイライラしますね・・・。
こんなマシンでよく仕事ができるもんだ。

まあ、そう焦るな、井上。　時間はたっぷりある。

・・・。

！？　なんだこの煙は・・・！！！

あ、熱っ！！！　え、遠藤社長！！、このノート PC が異常に熱くなっています・・・！！！

！？　ボーン、貴様！！　何をしたっ！！？

何もしていないさ。
お前たちがチンタラしていたから、CPU がオーバーヒートしかけているだけだ。

オーバーヒート！？

俺の PC でアプリケーションを動かすのは 10 分が限界だ。

はあ！？

さきほどお前たちに教えたパスワードは、DOS コマンドのスキャンディスクコマンドだ。
お前たちが PC へログインしてから、スキャンディスクのアプリケーションは起動し続けていた。
俺のマシンのスキャンディスクアプリケーションは超高速でインデックスへアクセスする。そのため、SSD の読み込みが一時的に鈍る。マシンの動作が遅かったのはそれが原因だ。

き、貴様・・・！！！

つ・・・　つまり・・・　どういうことなんでしょう？

あと30秒以内に俺のノートPCはこの倉庫もろとも爆発する。

！！！？

なぜ、俺のノートPCが40kgを超えているか考えたことはあるか？
その筐体の奥に何が隠されているのかを？

くっ！！！！！　くそっ！！！！！

あ、熱っ！！！　遠藤社長！！ 尋常じゃない熱さです！！！
これは本当に危険かもしれません！！！

**く、くそっ！！！
全員一旦外へ逃げろ！！！！**

ひ、ひえええええええ！！！！！

ボ、ボーンさん！！！！！

大丈夫だ、お前は俺が守る。

・・・！！

総員退避・・・！！！！！！！

・・・5

・・・4

・・・3

・・・2

・・・1

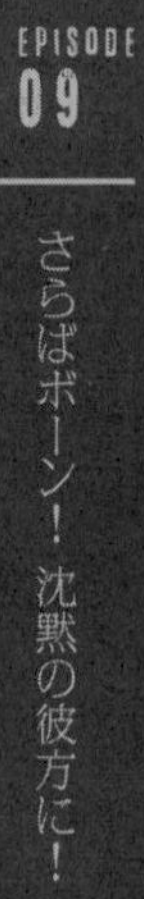

EPISODE
09
さらばボーン！沈黙の彼方に！

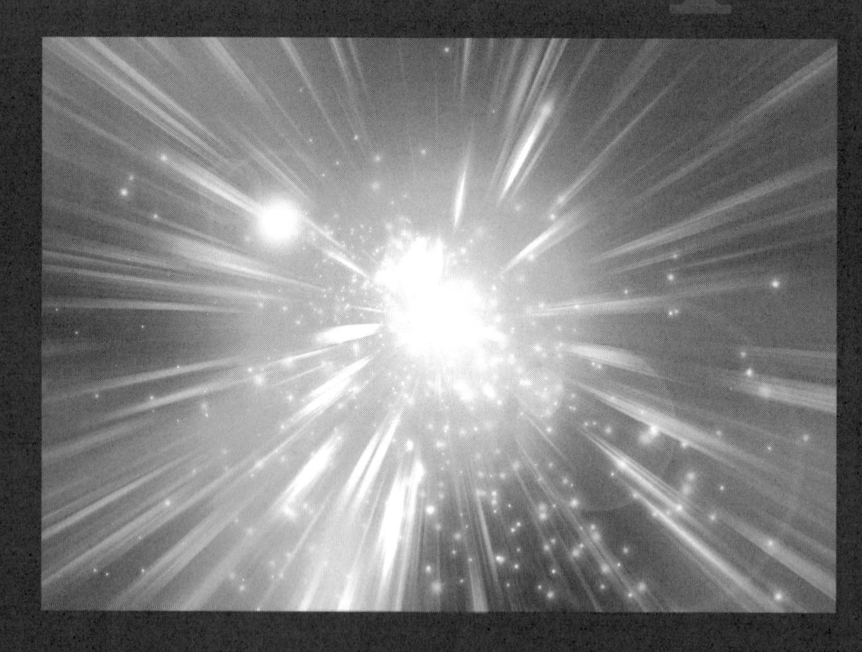

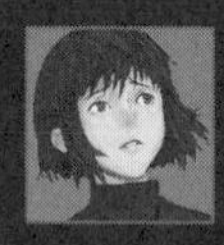

ボ・・・　お・・・　お兄ちゃん・・・！！！

ドカーンッ!!!!!!!!

・
・
・

た、高橋さん！！！　あ、あれっ！！！

うわわわわわわ！！！！
そ、倉庫が燃えている・・・！！！

めぐみさん！！！　ボーンさん！！！

ボーン・・・！！！

——そして7日後、マツオカのオフィス

11月13日未明に起きた港区の第三倉庫爆発事件ですが、今も現場検証が続けられています。
爆発の原因はいまだ不明です。
なお、この爆発における被害者はいない模様です。

高橋さん、あの爆発、今日もニュースで取り上げられていますね。

そうだな・・・。
でも、びっくりしたよ。
あの日、現場ではめぐみさんたちを見つけらなかったのに、マツオカのオフィスへ戻ってきたら、めぐみさんと知らないおっさんが店の前で寝ているんだもんな。

二人の容態は・・・？

あ、まだ意識は戻らないそうですが、命に別状はないということです。

・・・。
ボーンさんはどこに行ってしまったんでしょう。

・・・。

ボーンのアニキならきっと大丈夫さ。
あんなメモを残してくれていたし。

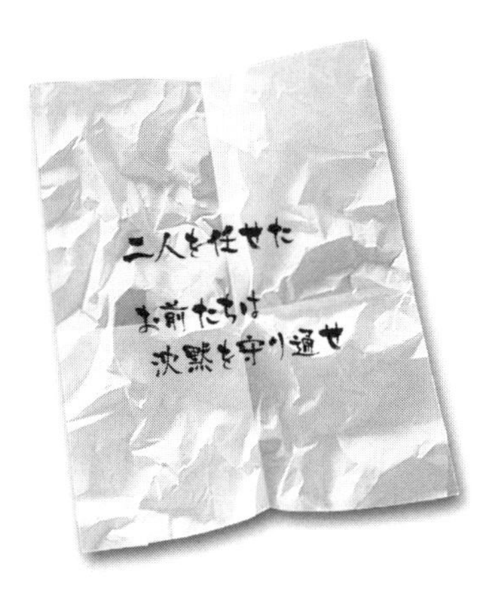

僕たち、ボーンさんのメモに書かれていたとおり、沈黙を守り続けていますが、本当によかったんでしょうか・・・。警察に知らせなくて・・・。

うーん・・・。そうだよなあ・・・。
なんでボーンのアニキは「沈黙を守れ」なんて伝えてきたんだろ・・・。

――ちょうどその頃、
NYのガイルマーケティング本社

あ、あなたは誰ですか！？

・・・ん～？
秘書ちゃん、どうかしたの？

ちょ、ちょっと困ります！！！

お・・・　お前は・・・　ボーン・片桐！！！？
な、なぜここに・・・！！

何を驚いた顔をしている？

お前はこの世から消えたはず・・・！！？

残念ながら、こうして生きているぞ。

！！？

今日はお前に忠告をしに来た。

マツオカには二度と手を出すな。
さもなければ、世界の市場からお前たちを排除する。

は・・・　排除！？　な、何を言っているんだ？
け、警備の者たちは何をしている！！？

声を上げても誰も来ないぞ。
皆、外で眠っている。

・・・お前にこのUSBメモリを渡しておく。

USB メモリ！？

処分してもキリがないぞ。
マスターデータは俺たちが持っているからな。

こ・・・　これはっ・・・！！！　え・・・　遠藤・・・・！！！
しくじったのね！！！！

安心しろ。
おれたちは“沈黙”を守り続ける。

な、なんだと・・・！？
それは・・・　脅しのつもりか・・・！？

Webマーケティングには「沈黙」が不可欠だろ？

●

●

●

——３日後、都内の病院にて

ん・・・　んんっ・・・。

め、めぐみさん・・・！！！

めぐみさん！！！

めぐみ！！！

私・・・。

よかった・・・！！！
このまま目を覚まさないのかと思って・・・。

あっ！！　マツオカのサイトは・・・！？

大丈夫ですよ。
俺と吉田とで、しっかり運営してますから。

よかった・・・。

あれれれ、めぐみさん、起きて早々、サイトの心配ですか？
さすがはウェブマスターの鑑です！

えっ？

ははははははは。

・・・お父さん・・・。

ん？　なんだい？

・・・ううん、なんでもないの・・・。

お父さん、ボーンさんはね・・・　私のお兄ちゃんだったんだよ。

あの子たち、Webマーケティングプレスからの取材を断ったようね。

それでいい。

自分たちのマーケティングの成功事例がWebに掲載されても、競合からの妬みしか生まれないからな。

大事なのは“沈黙”のWebマーケティングというわけね。

俺が表に出ないのもそれが理由だ。

それにしても、どうしてガイル社は、私たちがマツオカの案件に関わっていることを知っていたのかしら？

めぐみが俺たちへ依頼した際のハッシュタグを、ガイル社のソーシャル分析チームが見つけていたようだ。
どこから情報が漏れるかわからん世の中だな。

そうね・・・。

ガイル社は当分の間は大人しくなるだろう。
あのデータがある限り、あいつらは下手に手出しできない。

なるほど。
第二、第三のガイル社が生まれるのであれば、あえて今のガイル社を生かしておくということね。

マツオカがその売上げを上げていくためには「比較対象」となる競合が必要だ。

ガイル社が作るサイトは、ちょうどいい競合になりうる。

競合がいるからこそ、ビジネスはスケールしていく。

・・・ボーン、これからどうするつもり？

次のクライアントのところへ行く。

・・・あの子たちに別れは告げないの？

ああ。

めぐみさん、高橋くん、吉田くん、がんばってね。
あなたたちなら、一流のウェブマスターになれるわ

これが次のクライアントの情報だ。

・・・！　これは手応えありそうね。

乗れ、ヴェロニカ。

OK、ボーン。